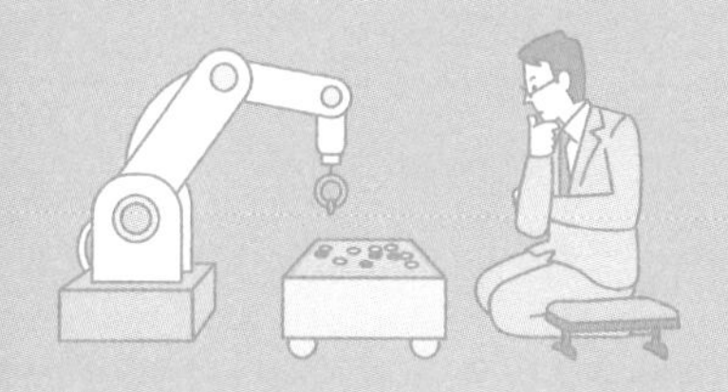

戸辺義人
ロペズ ギヨーム 共著

センサ、マジわからん と思ったときに読む本

はじめに

私たちの日々の生活は、一見するとシンプルに見えるかもしれませんが、実は目に見えない多くの高度な技術によって支えられ、豊かになっています。その技術の中心にあるのが、私たちの周囲の環境や状態を感知し、それをデジタル世界で扱える形、すなわち電気信号に変換する「センサ」という部品です。このセンサは、私たちが生きるこのAI時代においても、変わらずに重要な役割を果たしています。その理由は明確です。センサがなければ、私たちは現実世界からの豊富な情報をデジタルデバイスに取り込むことができず、それによってAIやコンピュータが処理し、分析することができないからです。

センサの動作はシンプルでありながら、その応用範囲は驚くほど広がっています。例えば、日常生活で私たちがよく使うスマートフォンには、明るさセンサや加速度センサなど、多くのセンサが組み込まれており、これによってスクリーンの明るさの自動調整や歩数の計算などが可能になっています。さらに、自動車の安全運転を支援するためのセンサ、工場での生産ラインの効率化を図るセンサ、大きなところでは、宇宙探査ミッションで使用されるセンサなど、あらゆる場所でセンサは活躍しています。

センサの応用例を挙げるならば、赤外線センサや圧力センサを利用したお掃除ロボット、距離センサを利用した自動車の自動ブレーキシステム、土壌湿度センサによる農業分野の灌漑管理などがあります。これらの例は、センサがいかに私たちの生活を便利にし、安全を確保し、さらには環境保護にも寄与しているかを示しています。

これらセンサの働きや使い方について深く知るためには、それなりの専門知識が必要になることがあります。

全9章を通して、初心者やセンサについての基本的な知識を身につけたい人々を対象に、センサの種類、動作原理、そして実際にどのように応用されているのかという点について、具体例を交えながらわかりやすく説明しています。

Chapter1　さまざまな場面で使われるセンサ
Chapter2　センサの基本をみてみよう
Chapter3　センサで位置や動きを測る
Chapter4　センサで距離を測る・物体を認識する
Chapter5　センサでIDを認識する
Chapter6　センサで生体信号を測る
Chapter7　センサで環境を測る
Chapter8　センサの性能・特性をみてみよう
Chapter9　センサ活用システム

身の回りにあふれていながらも、なかなかイメージしにくいセンサですが、本書を通して知識を深めていただき、探究につながるきっかけとなることを願っています。

最後に、本書の最終段階においては、センサ技術を専門としていない一般の人々にも内容がわかりやすいかを確認するために、青山学院大学の学生である戸田空伽氏に協力を仰ぎました。また、編集・校正にご尽力いただいた株式会社オーム社の方々に感謝する次第です。

2024年2月

戸辺 義人・ロペズ ギヨーム

CONTENTS

Chapter 3 センサで位置や動きを測る

Chapter 4 センサで距離を測る・物体を認識する

Chapter 5 センサでIDを認識する

Chapter 6 センサで生体信号を測る

Chapter 7 センサで環境を測る

Chapter 8 センサの性能・特性をみてみよう

Chapter 9 センサ活用システム

Chapter

1 さまざまな場面で使われるセンサ

センサとは、「取得した情報を、機械や人間が読み取りやすい信号、データに変換する装置」のことです。この文章だけを読むと、なんだか難しく感じるかもしれません。**Chapter 1** では、まずは、センサとは何かざっくりとわかってもらうために、私たちの身近なところで使われているセンサをはじめ、さまざまなセンサを紹介します。

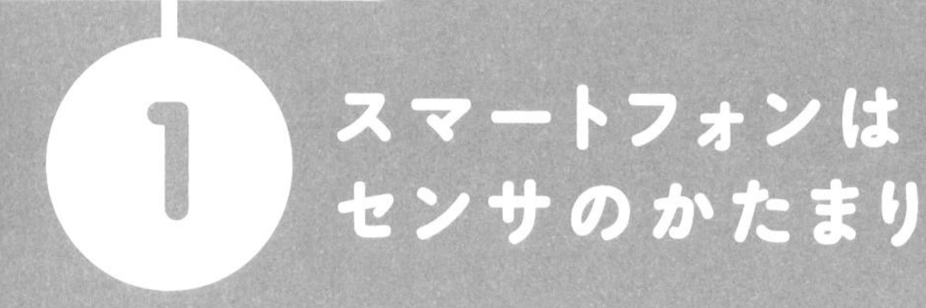

1 スマートフォンはセンサのかたまり

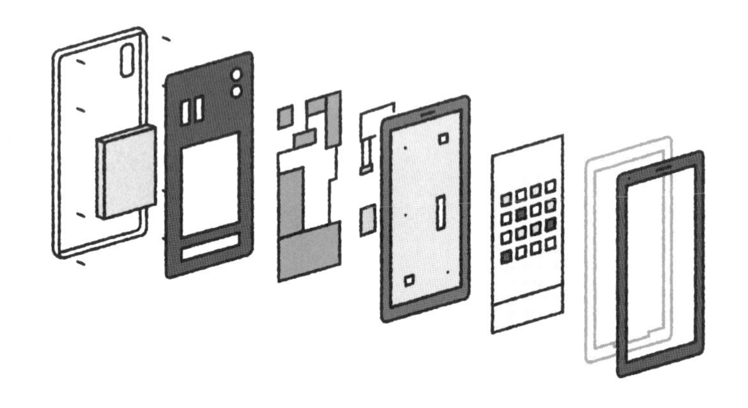

日常生活にあるセンサ

センサは、家電製品や自動車など、さまざまなところで使われています。特に、今では多くの人が持ち歩くスマートフォンには、さまざまなセンサが内蔵されていることから、センサのかたまりともいわれます。そこで、まずはスマートフォンを例にみていきましょう。

賢い携帯電話

スマートフォンの名前の由来は、「賢い(smart)電話(phone)」です。携帯電話の進化は目覚ましいものがあり、通話ができるだけだったものが、その後、メールができたり、インターネットにつながったりするようになりました。現在ではパソコンと同様の機能を持つだけでなく、財布の代わりとして、電子マネーやクレジット決済もできるようになり、スマートフォンは生活必需品となりました。

スマートフォンの中身をのぞいてみると、コンピュータ同様のプロセッサやメモリなどの部品が搭載されています。まさに、スマートフォンが小型コンピュータであることを実感できます。そのようなスマートフォンに、**さまざまなセンサが内蔵されている**ことで、スマートフォンがより便利になっています。ここで、スマートフォンに搭載されているセンサをいくつかみてみましょう。

スマートフォンに使われるセンサ

（1）加速度センサ

加速度とは厳密には速度変化のことです。加速度センサはこの**速度変化を感知**することで、スマートフォンの動きを把握することができます。歩数計やゲームのコントローラなどに使われています。

（2）ジャイロセンサ

加速度センサは直線の動きを感知しますが、ジャイロセンサは**回転の動きを感知**します。カメラの手ぶれ補正などに使用されています。

（3）磁気センサ

磁気センサは地球の**磁界を感知**するセンサです。これにより、スマートフォンがどこの方角を向いているかがわかります。

（4）明るさセンサ

明るさセンサは、**周囲の明るさに応じて、画面を最適な輝度（明るさ）に調整する**センサです。画面が見やすい明るさに調整するだけでなく、省電力も実現しています。

（5）GPSセンサ

GPS（Global Positioning System：全地球測位システム）とは宇宙にある

人工衛星（GPS衛星）からの電波を受信することで、現在地を把握することができるシステムです。スマートフォンには、この**GPSの電波を感知**するGPSセンサが搭載されています。

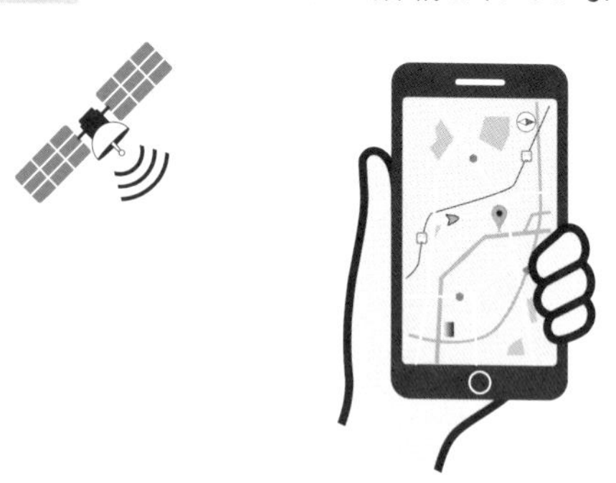

▲ GPSセンサで現在地を取得

（6）生体認証センサ

顔や指紋などの生体情報を感知するセンサが**生体認証センサ**です。スマートフォンの画面ロックの解除に使用することで、他人の不正利用を防ぐことができます。指紋認証では、指紋の凸凹に現れる静電容量の微弱な変化を感知し、そのデータを照合することにより認証をしています。インターネットバンクの本人確認などにも使用されています。

（7）画像センサ

画像センサとは、カメラで撮影したデータを**画像処理し、判定**するセンサです。QRコードの読み取りなどに使用されています。

▲ 画像センサでQRコードを認識

(8) マイクロフォン

スマートフォンは、携帯電話の進化系でもあるため、当然のことながらマイクロフォン(マイク)を内蔵しています。マイクロフォンがないと、人の音声を取得することができないため電話として機能しません。しかし、スマートフォンは同時にコンピュータでもあるので、さらに高度なことに使えます。たとえば、話しかけた日本語の音声を英語などの外国語に翻訳するといったことや、質問をして回答をもらうということも実現しています。これはスマートフォンが通信回線を介してインターネットと接続されている強みが生きています。

このように、スマートフォンの中には多くのセンサが活用されています。車の運転に便利なカーナビゲーションシステムでも、自分の位置、移動速度、方向など、さまざまな情報を取得・処理するために、加速度センサ、ジャイロセンサ、磁気センサ、GPSセンサなどの複数のセンサが使われています。

他にも、身近にある多くのものにセンサが使われているので、みていきましょう。

▲ マイクロフォンで音声を認識

ウェアラブル　スマートウォッチ　ワイヤレスイヤフォン

2 身体に寄り添うウェアラブル端末

ウェアラブル端末の機能

ウェアラブル端末とは、身体に装着しやすいように設計された電子機器のことです。ウェアラブル端末には、

①人の動きや位置、生体情報を把握したり、観察・記録したりすること

②ディスプレイやイヤフォンなどを利用して、視覚的・聴覚的・触覚的に情報を伝達すること

の２つの機能があります。この機能には**どちらもセンサが欠かせません**。たとえば、加速度センサは人の動き、GPSセンサは位置、脈拍センサは生体情報を把握できる仕組みになっています。

ウェアラブル端末の歴史

最初のウェアラブル端末は、19世紀の初めに老舗時計メーカーのBreguet(ブレゲ)社が製作した腕時計といわれています。ただ、当時の時計は電子機器ではなかったため、厳密には最初のウェアラブル端末とはいえないかもしれませんが、精密な作りと仕組みから、時間という情報をいつでもどこでも取得でき、身に着けることができる機器であったことから、現在のウェアラブル端末の原型と考えられています。電子機器となった最初の腕時計は、1970年代に米国メーカーから販売された電卓機能を備えたものです。日本では1980年にカシオ計算機から電卓機能付腕時計が発売されました。

そして2010年頃から、それまでに普及していた歩数計がリストバンド型端末に搭載され始めたことが、近年のスマートウォッチの人気に大きく貢献しているといえます。

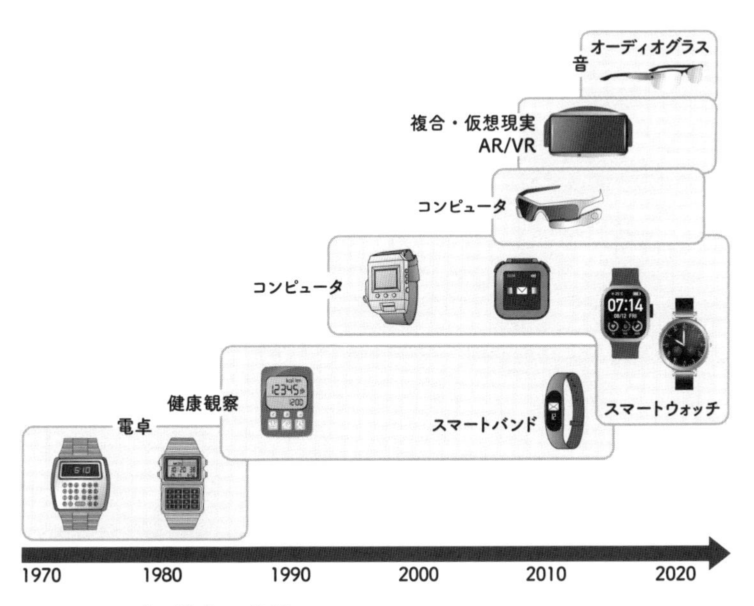

▲ ウェアラブル端末の変遷

よく知られる2つのウェアラブル端末

スマートウォッチと呼ばれる腕時計型のウェアラブル端末が普及しはじめたのは2015年頃でした。スマートウォッチは、パソコンやスマートフォンなどと同様に、利用者自身が後からアプリを追加することで、自分好みにカスタマイズすることができる拡張性もあります。コンピュータのシステム全体を管理する基本的なソフトウェアであるOSや多くのアプリを搭載していることから、**スマートウォッチは、賢くなった腕時計というよりも、腕時計の形をした超小型コンピュータ**です。スマートウォッチにもさまざまなセンサが内蔵されていますが、特に、屋外でスポーツをする人には、人工衛星の電波を受信するGPSが役立っています。GPSによって、屋外での位置情報を取得することができるため、ランニングやサイクリングなどのアウトドア活動のルート追跡、距離計測、速度計測に使用できます。

もう1つの知られているウェアラブル端末は、**スマートグラス**と呼ばれる眼鏡型端末です。2010年代から、さまざまな種類のスマートグラスが開発され、一般販売されるようになりました。以前から同様の試みはあったものの、小型軽量化が求められること、映像を表示するための高い処理能力が必要なことなどの理由から、実用化に時間がかかりました。

現在は主に以下の3つの用途のスマートグラスがあります。

①スマートウォッチ同様の機能と利用目的のもの

②仮想現実(VR)や複合現実(AR)を搭載したスマートグラス(VRの場合、ヘッドマウントディスプレイといいます)

③スピーカーを搭載し、耳が塞がらず、周りに音が漏れない眼鏡型イヤフォン

現在は、これらのそれぞれの用途に対応した専用端末が多いですが、将来的には1つの端末ですべての用途に対応できるようになると考えられています。

一番普及しているウェアラブル端末

ウェアラブル端末といえば、ここまで紹介したスマートウォッチとスマートグラスが挙げられますが、実は一番普及しているウェアラブル端末は「ワイヤレスイヤフォン」です。

近年、音のセンサであるマイクロフォンと、音を出すスピーカーの機能に加えて、人の動きを把握するのに便利な加速度センサや、心拍数を計測するのに便利な脈波センサを搭載しているイヤフォンが増えています。また、図に示しているように、これまではファッションのアクセサリーとして身に着けてきたヘアバンド・帽子、ネクタイ、ベルト、指輪、靴やマスクなどにも**センサと通信機能を搭載**するようになってきています。

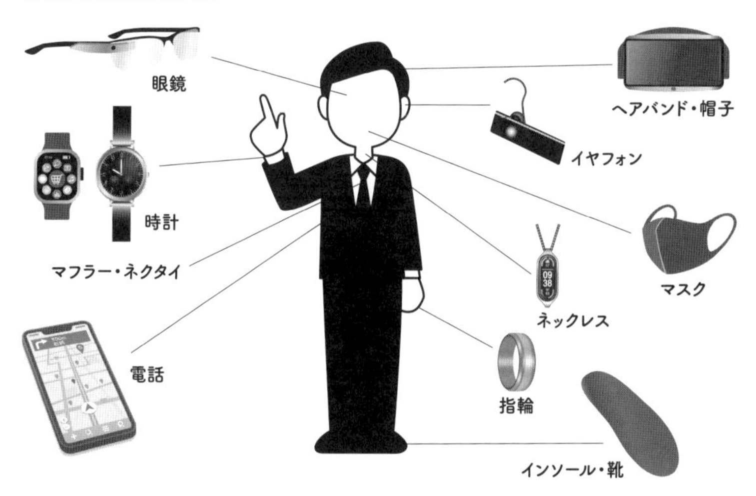

▲ ウェアラブル端末に進化しているアクセサリーなど

人体埋め込み型コンピュータ

ウェアラブルの発展形として、「人の体にコンピュータを埋め込む」ということが考えられています。実際に、現在は心臓のペースメーカーやインスリンポンプのように医療目的で埋め込まれる機器も存在しています。将来、血糖値、血圧、体温などの生体情報を直接計測して、警告を出すといった応用も考えられます。

センサが健康に貢献

健康状態を知る指標

自分の健康状態を知る方法はいくつもありますが、その中でも血圧測定は重要な方法の1つです。高血圧は動脈硬化を招き、ひいてはさまざまな臓器の病気を引き起こします。そもそも血圧とは、心臓から出た血液が血管壁に加える圧力のことです。心臓が収縮するときに、血液を動脈血管内に押し出すことになり、この時、血圧は最高血圧となります。逆に、心臓が拡張する時は、血液を心臓に戻すことになり、血圧は最低血圧となります。この心臓の動きと血管の関係を利用した血圧測定でも、センサは使われています。

血圧の測り方

血圧の測定方法には、聴診器やマイクロフォンといった**音を用いて血圧を測定する**方法（コロトコフ音法）と、脈拍とともに発生する**圧振動を用いて血圧を測定する**方法（オシロメトリック法）があります。

血圧測定の歴史

1896年、イタリアの医師であったピオーネ・リヴァロッチは、ゴムの球を使って加圧する腕帯（カフ）と水銀柱式の圧力計を備えた血圧計を考案しました。ゴムの球を握って上腕に巻いたカフの圧力を上げていくと、ある瞬間から脈拍が消失します。この瞬間の血圧が最高血圧で、手首の触診で脈拍を確認しながら、脈拍が消失する瞬間の血圧を水銀柱で測定していました。当時は最高血圧しか測定できませんでしたが、その原理は血圧計の原型となるものでした。

1905年、ロシアの軍医であった、ニコライ・コロトコフは、上腕の動脈を、空気をいっぱいに入れたカフで圧迫し、減圧したときに血液が流れだす血管の音を聴診器で聴き取りながら血圧を測定する方法を発見しました。この血液が流れ出す「トントン」という音を発見者の名前にちなんで**コロトコフ音**といい、この測定方法を**コロトコフ音法**といいます。コロトコフ音が聞こえ始めたときの血圧が「最高血圧」、消えたときの血圧が「最低血圧」となります。ちなみに、リヴァロッチが考案した血圧計は最高血圧しか測定することができませんでしたが、コロトコフ音法によって、初めて最高血圧と最低血圧が測定できるようになりました。

血圧を測定する2つの方法

（1）コロトコフ音法

コロトコフ音法は、前述したように、血管の音を用いて血圧を測定する方法で、聴診器と圧力計(水銀計)を用います。聴診器の変わりに、高感度の**マイクロフォン**を用いたコロトコフ法の血圧計が使われています。

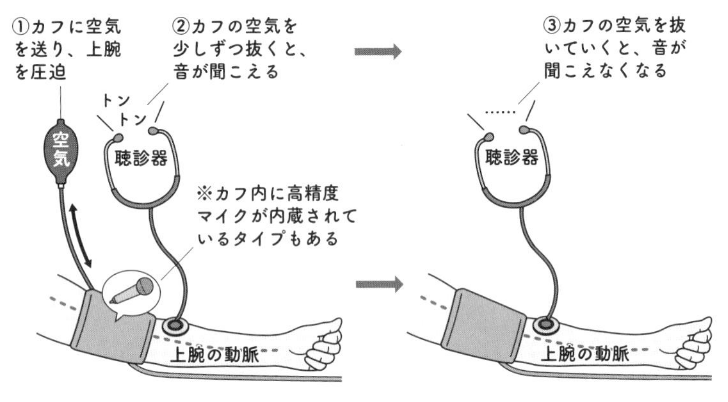

▲コロトコフ音法による測定の仕組み

(2) オシロメトリック法

コロトコフ音法のように、上腕の動脈を、空気をいっぱいに入れたカフで圧迫し、カフの空気を徐々に抜いていくと、血液が流れ始めた時点で、脈拍が走ると共に振動が発生します。カフによる加圧が減少し続けると血管が広がり、流れる血液量は多くなることで振動も多くなります。そして最大の振動を記録した後、振動は徐々に減少して最終的に消滅します。振動幅が急速に高くなる時点を最高血圧、振動幅が急速に低くなる時点を最低血圧とみなします。このように、血液の振動を用いた血圧の測定方法を**オシロメトリック法**といいます。

オシロメトリック法は1980年代半ばごろから実用化されはじめ、コロトコフ法と比べて、「周りの音の環境に影響されない」、「操作が簡単」、「低コスト」といったこともあり、今では病院の自動血圧計や市販の家庭用血圧計のほとんどでオシロメトリック法が採用されています。

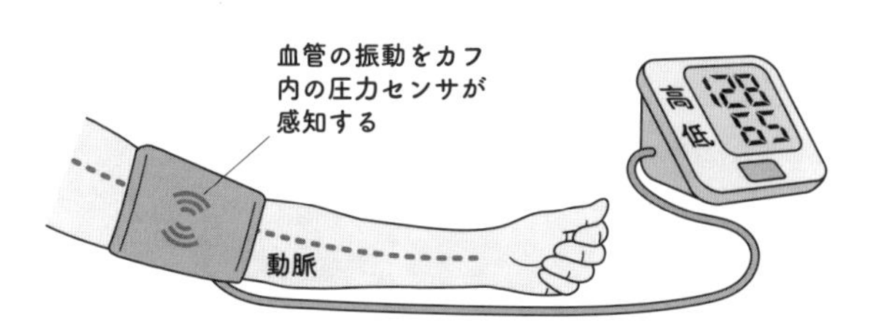

▲オシロメトリック法による測定の仕組み

血管の音や振動をセンサで感知することで、血圧を自動で測定できるようになりました。このように、センサは人の身体の内部の動きも感知することができるので、人々の健康に役立つ道具に使われています。

日常生活の健康測定

日常生活のなかで、無意識でいながら健康状態を測定できると便利です。その考えに沿って開発されたものが、スマートトイレです。尿や便のサンプルを分析することで、血糖値、脂肪の代謝、腎機能、さらには特定の疾患に注目できるなど、**さまざまな健康指標をモニタリング**できます。スマートトイレには、尿流分析、便の健康、心拍数や体温の測定など、多岐にわたる機能を備えていることがあります。一部のスマートトイレシステムは、使用者の身体から直接データを収集し、その情報をスマートフォンアプリやクラウドベースのプラットフォームと同期させることで、健康状態をリアルタイムで追跡することができます。さらに、分析するだけでなく、その結果、使用者の栄養補給や水分摂取の仕方についてアドバイスしてくれるなど、我々の健康促進に役立つことも期待されています。

今後はスマートトイレに限らず、日常生活で使うもので、意識していなくても健康を測定してくれるものの開発が期待されます。

体重を測る4つのセンサ

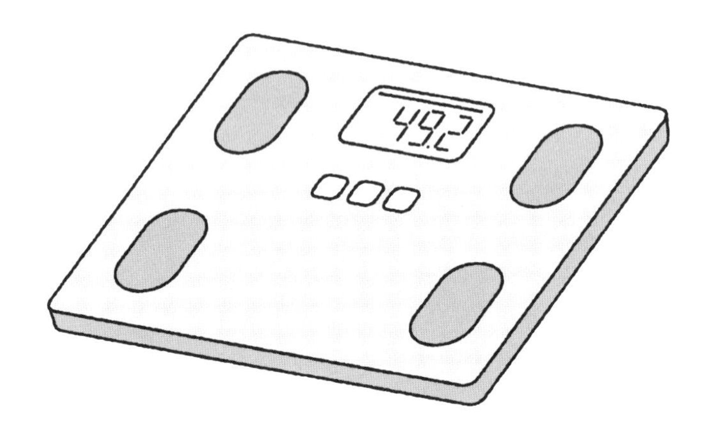

もう1つの健康状態を知る指標

血圧と並んで、体重も健康状態を知るためには重要です。肥満になることで糖尿病や動脈硬化をはじめとする、心疾患や脳血管疾患などの生活習慣病につながるため、体重測定は生活に欠かせないものとなっています。

　以前はアナログ式の体重計が使われていましたが、現在は**デジタル式の体重計が主流**となっています。そこで、デジタル式の体重計で使われるセンサとその基本原理を説明します。

ひずみゲージ

人が体重計に乗ると、内部にある**金属が伸びて、ひずみゲージが作動**します。金属は、伸びもしくは縮みを与えると電気抵抗値が変化する性質があることから、ひずみゲージは、この原理を利用した**電気抵抗値の変化**から伸び・縮みの量を計測するセンサです。体重計では、ひずみゲージで得た情報から体重を測ります。

体重計は、人が本体(板)のどこにのっても同じ値が計測されるように工夫されています。人がのる板の部分は、ひずみゲージを基にした**4つの力センサ**の上にのっている作りになっています。人が体重計にのると、体重が4つの力センサに分散して加わるため、この4つの力センサの合計から体重を算出しています。

ちなみに、現在の体重計は、単に「体重」にとどまらず、体組成(脂肪や筋肉などの身体を構成するもの)を計測できるものも増えています。体組成を計測するには、**生体電気インピーダンス法**(脂肪分が多いほど体の電気抵抗が大きいという原理)を利用しています。体重計もセンサをはじめ、さまざまな技術により、人の健康に役立つよう進化を続けています。

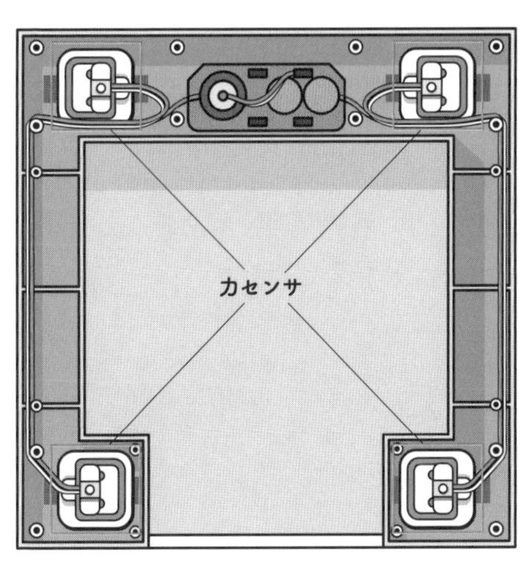

▲ 体重計の裏にある力センサ

センサはロボットとの対話に必須

ロボットが行う動作

ロボットには、機械や食品などの製造業で用いられる「**産業用ロボット**」、会社の受付や飲食店で接客をする「**人型ロボット**」、人々に癒しを与えてくれる「**ペット型ロボット**」など、数多くの種類があり、さまざまな分野でロボットが使われています。

これらのロボットの多くのメカニズムは基本的に同じで、

- 情報を取得する(**センサ**)
- 取得した情報を処理する(**制御**)
- 情報を元に機械を動作する(**駆動**)

という一連の動作を行います。これらの動作を実現するためにも、やはりセンサが必要になります。

情報取得の機能

それでは、人型ロボットが情報を取得するために必要なセンサの例をみてみましょう。

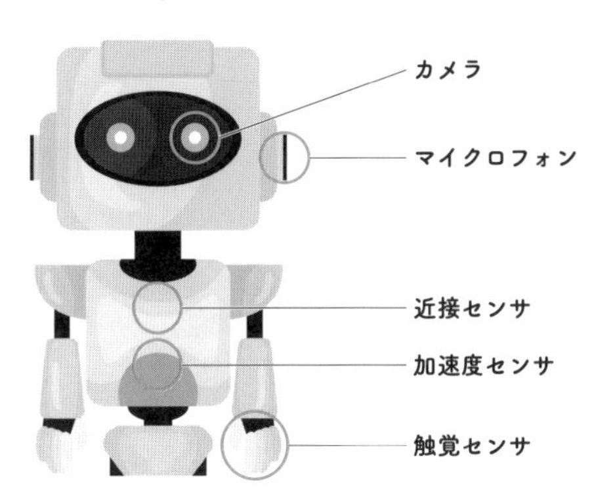

▲ 人型ロボットに搭載されているセンサ

ここでは、図にあるセンサのうち、**マイクロフォン**と**カメラ**、**触覚センサ**の役割について説明します。

（1） マイクロフォン

外界の音や話しかけてきた人の**声を取得する**センサです。特に人型ロボットでは、人と対話するためには欠かせません。

（2） カメラ

画像処理により、**物体や人物を認識する**センサです。人の表情を読み取るためには欠かせません。

（3） 触覚センサ

物体と接触しているか否か、またはどれくらいの強さで握っているかといった**把持行動に必要**なセンサです。

人型ロボットには、他にも近接センサや加速度センサといった、情報を取得するためのセンサも搭載されています。

赤外線　見取り図　SLAM

周囲を把握し、進め、お掃除ロボット！

赤外線センサと圧力センサ

お掃除ロボットは他のロボットと同様、周囲の情報を取得するためにさまざまなセンサが備えられており、部屋の中を効率よく自動的に掃除する工夫がなされています。

まず、お掃除ロボットは壁や障害物を避けながら動く必要があるため、テレビのリモコンなどに用いられる**赤外線センサ**が用いられています。お掃除ロボット本体の赤外線センサが、**赤外線の反射の様子から周囲の距離を把握する**ことで、壁に接触することなく走行が可能となります。また壁に接触してしまったことを検出するために**圧力センサ**も用いられています。

SLAM

お掃除ロボットが部屋の中を万遍なく掃除するには、部屋の見取り図と自分の位置を正確に把握する必要がありますが、部屋の見取り図を事前に入力するのは大変な作業です。そこで、位置の特定と見取り図の作成を同時に行うことができる、**SLAM**(Simultaneous Localization and Mapping)という技術によって、**動きながら見取り図を作成する**ことが可能となりました。従来、SLAMは高い計算能力を必要とされることから、小型化が難しかったのですが、SLAMを小さな組み込みコンピュータシステムで動作できるようになったことで、お掃除ロボットへ応用されました。

本来であれば動き回るときに、完全な見取り図がないと自分の位置はわからないはずです。ところが、SLAMを使うとセンサを使って環境情報を取得して、**すでに作成してある不完全な地図と照らし合わせて、自分の位置を推定**します。そこから見取り図の修正を繰り返すことにより、地図の完成度を高めていきます。

お掃除ロボットは、自分で作成した見取り図に従うことで、効率よく部屋中を動き、掃除していきます。

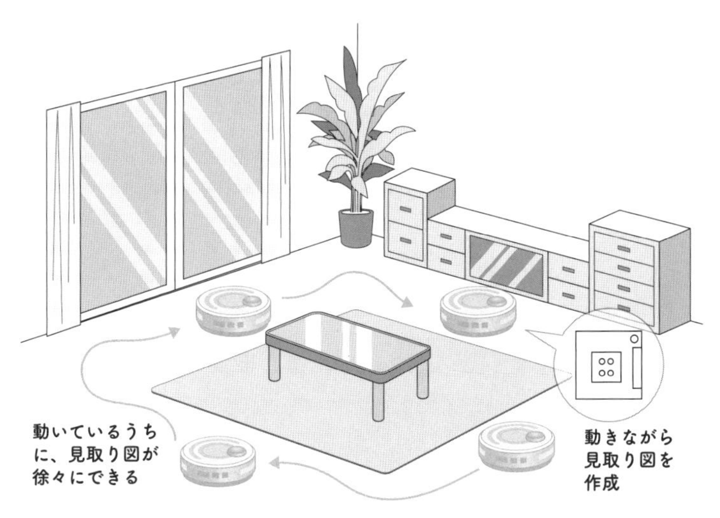

▲ SLAMで見取り図ができる流れ

センサを応用した乗り物、セグウェイ

体重移動だけで動く乗り物

セグウェイ(Segway)は並行する2つの車輪を備えた電動の乗り物です。自転車やモータバイクと異なり、加減速するアクセルやブレーキ、右左折を制御するハンドルがなく、乗り手の体重移動だけで操縦します。海外の空港では、スタッフがセグウェイで移動する姿を目にする機会がありました。セグウェイそのものは、2020年6月に生産が中止されましたが、センサを応用した乗り物という観点では特筆すべきものですので、仕組みを見てみましょう。

セグウェイに搭載されるセンサ

セグウェイは、体重移動を感知する5つの**ジャイロセンサ**(角速度センサ)と2つの**傾斜センサ**が搭載されています。

ジャイロセンサは、**体重移動による前後や左右の傾きを検知する**装置です。ジャイロセンサから得た情報は、**制御ボード**で処理され、セグウェイの動きをコントロールします。傾斜センサは、セグウェイが**地面に対してどの程度傾いているか検知する**装置です。傾斜センサは電解液で満たされており、ヒトの内耳が平衡感覚を保つ仕組みと同じです。電解液によって、どちらに傾いているか検知します。

ミニセグウェイ

今でこそセグウェイは生産されていませんが、同じ原理で動く乗り物として、バランススクーターがあります。ミニセグウェイといわれることもあり、セグウェイ同様、体重移動により操作できます。図のように、右方向に進行したい場合は、右側に重心をおくことで、センサが傾きを検知して右側へ進行するように仕組みになっています。

▲ バランススクーターの原理

自動車に搭載される多くのセンサ

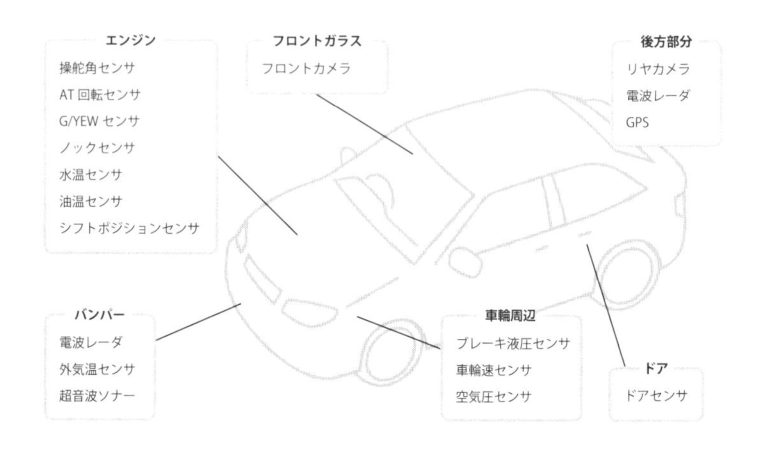

自動車のセンサ

ガソリン車やEV(Electric Vehicle)などさまざまな自動車がありますが、これらの自動車にも多くのセンサが使われています。自動車にはどんなセンサが使われているのか見てみましょう。

上のイラストに示すとおり、実に多くの種類のセンサが使われており、**センサなくして自動車は動かない**ともいえるでしょう。エンジンの制御に必要なセンサ、衝突を防止するためのセンサ、人の乗り心地をよくするためのセンサなど、さまざまなセンサがありますが、ここでは代表的なセンサをいくつか紹介します。

エンジンの制御に必要なセンサ

(1) ノックセンサ

ノックセンサは、**燃料がスムーズに燃焼しているかどうかを確認するため**に使用されます。ノックセンサがないと、予期しない発火を感知できず、部品の損傷などにつながります。

(2) 車輪速センサ

エンジン内のシャフトの回転数を計測するタコメータの一種で、車輪の回転速度を検証します。車輪速センサは、アンチロック・ブレーキシステム内に取り付けられています。このセンサの出力は、走行距離計に使用されたり、オートマチック車においては、**車速に応じてギアを制御するため**に使用されたりします。

(3) 燃料温度センサ

燃料温度センサは、燃料の使用率が最適であるかどうか、**燃料の温度を継続してチェックするため**に使用されます。ガソリンなどのエンジン内の燃料が冷えていると、密度が高いということから燃焼に時間がかかります。燃料の温度が高い場合は、燃焼にかかる時間が短くなります。このセンサは、自動車のエンジンが問題なく動くように、燃料が適切な量と温度で注入されるかを監視します。

自動車の安全に関するセンサ

自動車にとって安全はとても重要です。そのために、パンクやバーストを未然に防ぐためのタイヤの空気圧センサ、他の車や障害物との距離をチェックするセンサ、エアバッグを作動させるための衝撃センサ、シートベルトが装着されているかを検知するセンサなどが多くのセンサが搭載されています。

自動車に搭載されるセンサの今後

水滴を感知するセンサによってワイパーを自動で作動させたり、音を検知するセンサでカーナビを音声で操作したり、重さを感知する体重センサによって人が乗っているかを判断し、エアコンを調整するなど、便利・快適になる機能を実現してくれるのもセンサのおかげです。今後、自動車がEVへと変わっていく中で、バッテリーの監視や可動部品の位置決めなどのセンサも増えていくことが見込まれています。

自動運転技術の加速

今後は自動運転技術が加速していくことが見込まれています。自動車の自動運転の実現に向けて、世界中の自動車メーカーが研究開発に取り組んでいます。自動運転技術にはさまざまなレベルがあり、完全自動運転(レベル5)までの道のりは長く、まだ途中ではありますが、部分的な自動運転機能(レベル2やレベル3)を搭載した自動車は、すでに市場に登場しています。これらの自動運転システムは、とくに高速道路での運転や駐車の支援など、特定の条件下での運転を自動化することを目的としています。完全自動運転にはまだ多くの技術や法律、安全に関する課題がありますが、世界的には2024年時点で、米国内で自動運転のタクシーが走行しています。また、日本国内でもタクシーの自動運転の実証実験が始まっています。

周囲の環境を正確に認識し、**リアルタイムで安全な運転判断を行うために、さまざまな種類のセンサが必要**です。これらのセンサは、車両が周囲にある障害物、交通状況、道路標識、信号などを検出し、解析するために使用されます。とりわけ、**外部環境の認識に必要なLiDARやイメージングのカメラが重要**になっています。

▼自動運転技術のレベル

レベル1	加速と減速もしくはハンドル操作のどちらかが自動
レベル2	加速と減速、ハンドル操作の両方が条件付きで自動
レベル3	条件付きですべての操作が自動
レベル4	特定の走行環境など、条件付きで完全自動運転
レベル5	完全自動運転

Chapter

2 センサの基本をみてみよう

センサがどのようなものか、何となくつかめたでしょうか？　**Chapter 2**では、さらにセンサを知ってもらうために、センサの基本を説明をします。一歩踏み込んで、センサの基本を学んでいきましょう。

9 改めて、センサとは？

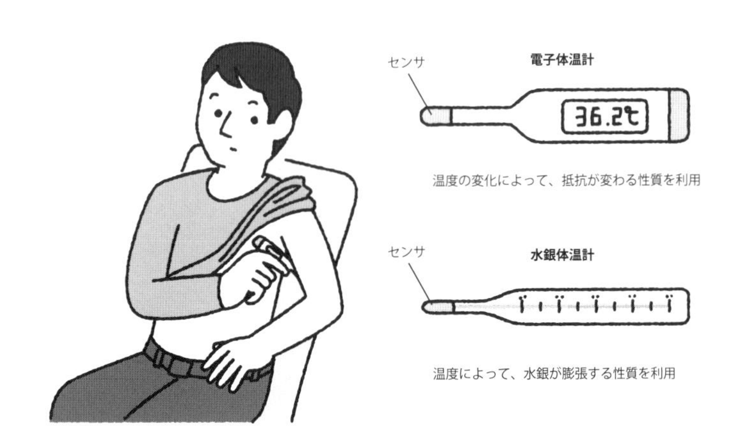

センサは「感じ取るもの」

ここまでいくつかセンサが使われている例をみてきましたが、いま一度、「センサとは何か」をおさえておきましょう。

まず、センサ(sensor)は英語由来ですので、英語で考えてみます。**senseは「感じ取る」**という動詞で、それに人や物を表す接尾辞-orがつき、「感じ取るもの」となります。つまり、センサは「我々の身の回りにある物体や物理現象の何らかの特徴を感じ取り数字にするもの」といえます。センサを用いることで、良し悪しを漠然と表現するのではなく、正確な値として伝えることができます。

センサの役割

ここでは、**電子体温計**を例に、センサの役割について考えてみましょう。電子体温計で用いられている**サーミスタ**というセンサは、**温度によって抵抗値**(電気の流れにくさ)**が変化する半導体**を用いています。体温計で用いられているセンサは、身体から取得した被測定量(体温)の変化をサーミスタで測定し、その結果を出力します。

センサによる出力(電気信号)は、**ノイズ**を多く含む場合があるため、図のように、**信号処理**が施されてから、コンピュータで扱える情報(数値)として表示されます。

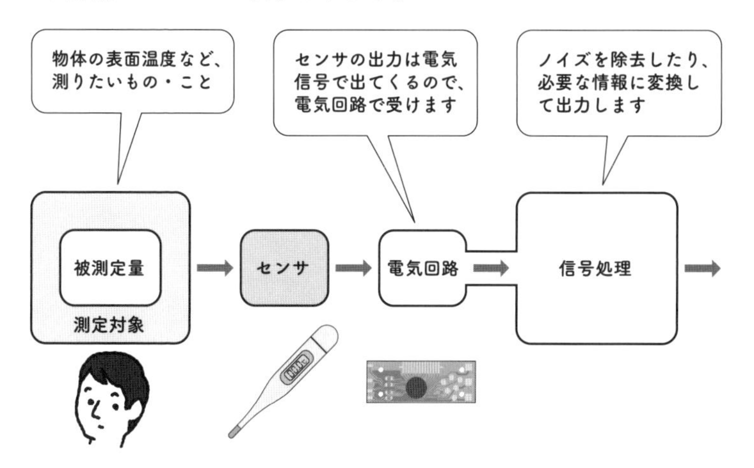

▲ センサの仕組み

センサは単体で機器として存在する場合だけでなく、電子体温計のように、電子機器の一部に組み込まれる場合や、ICの一部に組み込まれたりする場合もあります。

このように、**センサは「機能」でもあり、「装置」としても存在**します。

10 センサは千差万別!?

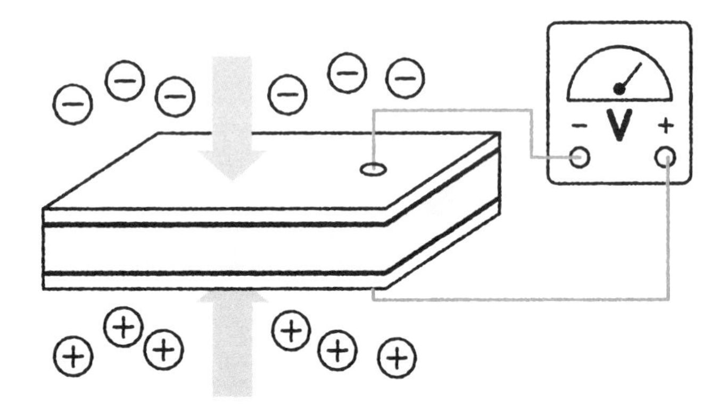

「測定原理」でセンサは実現

センサで測れるものには何があるでしょうか。実は物理現象として扱えるほとんどのものがセンサで測れます。測定したいもの・ことに対して、**測定原理**が裏付けされていれば、センサが実現します。圧電効果という現象を例に見てみましょう。

圧電効果

18世紀に**圧電効果**が発見されました。ある物質(圧電体)に圧力を加えると出力電力が変化し、電圧が生じるというものです。この**圧電効果を「測定原理」とすることで、「圧力」は測定できる**ということになります。

多くの場合、1つの「測定したいもの・こと」に対して、**複数の測定原理が存在**します(すなわち、複数のセンサが存在することになります)。複数の測定原理の中から精度やコストを加味したうえで、センサが作られます。測定対象と測定原理の一例を表に示します。

▼ 測定対象と測定原理の例

測定対象	測定原理
温度	金属の温度に対する抵抗値変化、ゼーベック効果(熱電対)、放射現象
圧力	圧電効果、抵抗膜方式、静電容量変化、光ファイバの圧力変化
近接性/変位	ポテンショメータ、超音波、磁気、光電効果

このように、センサは多種多様なものが測定できることからセンサは千差万別といわれています。

高電圧を出力する水晶

圧電効果について、もう少しだけ説明します。

圧力の測定には「**水晶**」が使われています。意外かもしれませんが、水晶は、高電圧を出力できる圧電体として、古くから使われています。現在は人工的に作られた水晶が使われており、熱や衝撃などに強く安定性が非常に高いことから、高い精度が求められる用途で使われています。図が、水晶が電圧を出力する原理になります。

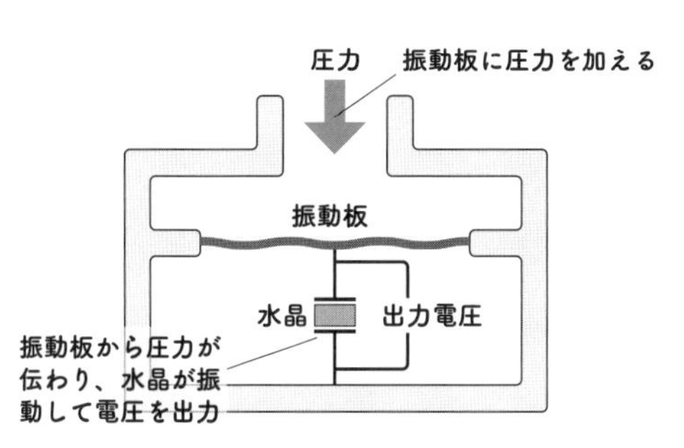

▲ 水晶が電圧を出力する原理

2 センサの基本をみてみよう

11 人間の五感をセンサになぞらえると

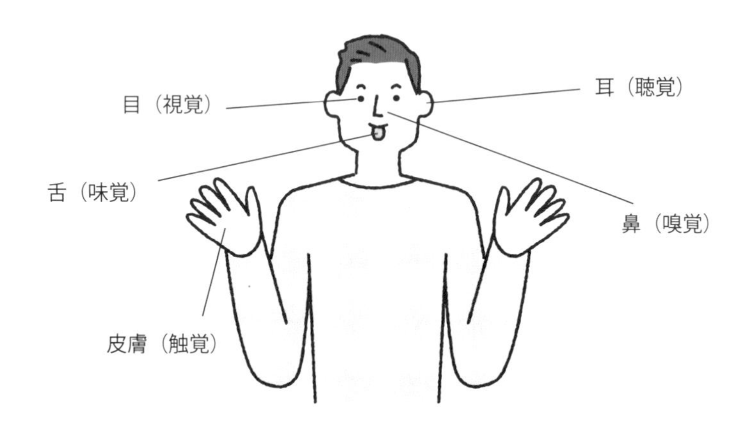

知覚機能とセンサ

人の**知覚機能**には、視覚・聴覚・嗅覚・味覚・触覚の五感があります。五感は、生きていくうえで重要な役割を果たしており、この五感から取得した情報を基に、人は判断・理解をします。また、人の知覚機能は、情報を取得するという意味で、**センサになぞらえることができます**。そうした場合の、五感に対応するそれぞれのセンサの例を見てみましょう。

（1）視覚

人の目に相当する視覚には、**カメラ**があります。カメラには、可視光カメラ（デジタルカメラやスマートフォンに内蔵されているカメラなどの一般的なカメラ）や赤外線カメラ（暗闇でも撮影できるカメラ）があります。また、カメラの内部に搭載されている、光の色や強弱を検出する**イメージセンサ**も、視覚になぞらえるセンサです。

（2）聴覚

人の耳に相当する聴覚には、各種**マイクロフォン**や**超音波センサ**などがあります。これらは音波をとらえるのが基本であり、空気振動を認識します。

（3）嗅覚

人の鼻に相当する嗅覚には、**匂いセンサ**や**ガスセンサ**があります。匂いセンサは、人の嗅覚をまねた仕組みになっており、AIを組み合わせています。

（4）味覚

人の舌に相当する味覚には、**味覚センサ**や**糖度計**などがあります。味覚センサは、甘味、酸味、苦味、塩味、うま味などを測ることができ、人の舌と同じ仕組みになっています。

（5）触覚

人の皮膚に相当する触覚には、**圧力センサ**や**トルクセンサ**などがあります。これらのいわゆる触覚センサを応用して、遠隔操作によりロボットが工事や手術を行うこともできるようになります。

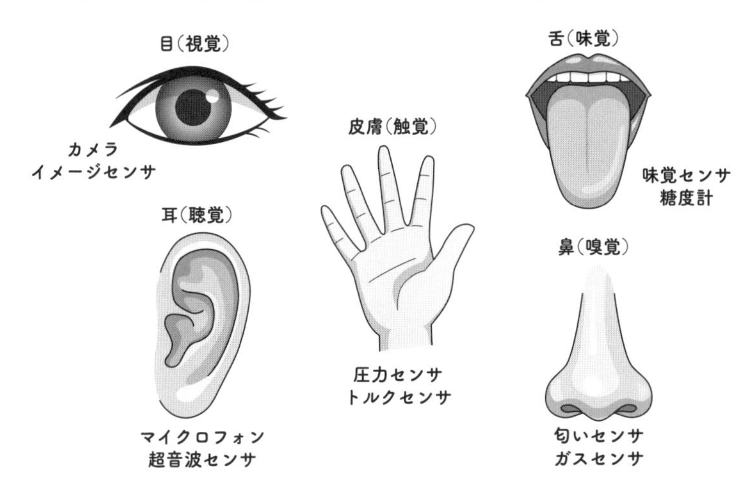

▲人の五感に対応するセンサの例

12 センサの測定値は国際単位系で表現

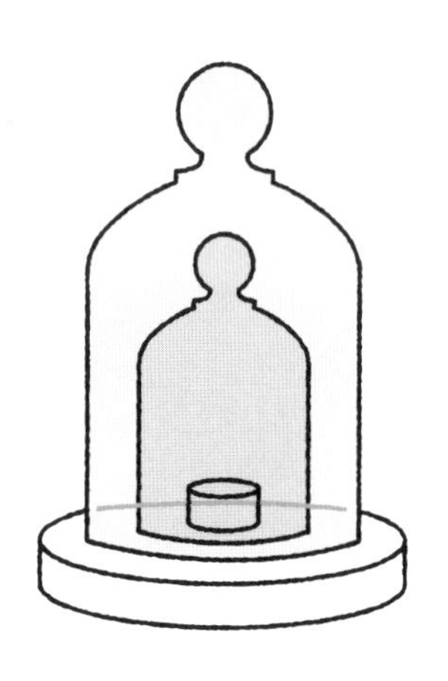

国際単位系

国際単位系とは国際的に定められた世界共通の単位系で、**SI**ともいいます。この国際単位系は、「**世界共通の基準がなければ、世界共通で値を比較できない**」ことから定められました。たとえば、日本ではかつて長さを表す「尺」や重さを表す「貫」という単位が使われていましたが「尺」や「貫」を使わない国との貿易では実際の長さなどに違いが出てしまいます。そこで、ある物体の長さや重さは**世界のどこで測っても、同じ値になること**が原則となる国際単位系が制定されました。

ちなみに、ゴルフやアメリカンフットボールで距離を表す「ヤード」、ボクシングで体重を表す「ポンド(パウンド)」など、スポーツでおなじみの単位がありますが、これは米国を中心に利用されている単位で、これは国際単位系ではありません。

国際単位系とセンサには密接な関係があります。センサは測定対象から得た情報を、最終的に必要な情報(数値)に変換して出力します。この出力される**数値は国際単位系で表現**されていることから、センサを学ぶうえでは、国際単位系は知っておきたい知識になります。

国際単位系の7つの基本単位

現在は**7つの基本単位**が世界共通で使われています。

▼ 7つの国際単位系

基本量	単位	単位記号	基本量	単位	単位記号
長さ	メートル	m	温度	ケルビン	K
質量	キログラム	kg	物質量	モル	mol
時間	秒	s	光度	カンデラ	cd
電流	アンペア	A			

また、これらの7つの基本単位を組み合わせて物理量を表現する、組立単位もあります。たとえば、長さ(m)を時間(s)で割った速さ(m/s)や、速さ(m/s)を時間(s)で割った加速度(m/s^2)などがあります。

1kgの定義

今でこそ変わってしまいましたが、2019年5月まで1kgの定義は、「**国際キログラム原器**の質量」でした。

国際キログラム原器とは、直径・高さともに約39mmの円柱形の金属塊です。SIにおいて、2019年頃まで普遍的な物理量ではなく、人工物に基づいて値が定義されているのはkgだけでしたが、日本の研究チームによる精密測定機器によってプランク定数がkgの新たな定義として採択されました。

13 0と1で表現するデジタル情報

10111010101111100010101110001
10000011111101001110101010000
00011110110111001011010001011

センサ入力とセンサ出力

センサは、「感じ取るもの」という意味で、人の五感に置き換えることができると⑪で紹介しましたが、センサが反応を感じ取ることを「センサ入力」といいます。センサ入力は、振動、温度、圧力などのように、測定対象が多種多様であり、測定量は、前節⑫で紹介した国際単位系を用いて表現されます。また、反応から得た物理量を電気量に変換することを「**センサ出力**」といいます。センサ出力は、**センサ入力により得た物理量を、電圧、電流、抵抗に変換して電気量を表現**します。

さて、センサ出力により変換された電圧や電流などの電気量はどのように使われるのでしょうか。デジタル式の体重計でいえば、ディスプレイに計測値を表示する、お掃除ロボットでいえば、自動化された機械の状態を制御プログラムに送信することに使われます。

図のようなデジタル電子体重計の例では、ひずみゲージで得たアナログの物理量（センサ出力）を、体重計内部の**電子回路にあるA/D変換器を介することで私たちにとって取り扱いやすいデータ（デジタル情報）に変換**しています。

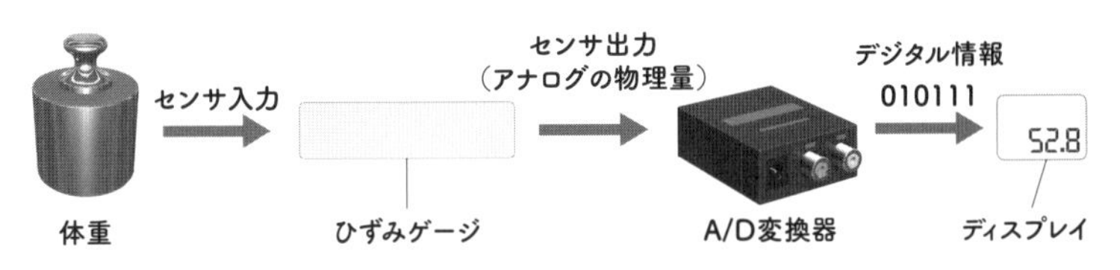

▲アナログ情報が変換される仕組み

センサ入力とセンサ出力を処理するのがコンピュータで、コンピュータは体重計やお掃除ロボットのほか、テレビや洗濯機といった家電製品など、あらゆる機械製品に組み込まれています。コンピュータでは、アナログな形である電気量はA/D変換器という電子回路を介して、コンピュータが処理できるデータ（デジタルな形）へ変換されるのです。コンピュータにおけるデジタルな形とは、**2進数**で表現することです。

センサ出力により、アナログからデジタルな形、つまり2進数に変換されるということですが、そもそも、アナログとデジタルの違いは何でしょうか。その細かな違いは⑭で説明しますので、ここでは2進数について少しだけみてみましょう。

2進数で表現される整数値

私たちの日常生活では、0から9までの十種類の数字を用いた10進数で数値を表現しています。しかし、**コンピュータにおいては、0と1の二種類の数字だけで表す2進数が用いられます**。2進数は以下のように表現されます。

▼ 2進数と10進数の早見表

桁数	1	2	3
2進数 ※(　)内は10進数	0(0)	00(0)	000(0)
	1(1)	01(1)	001(1)
		10(2)	010(2)
		11(3)	011(3)
			100(4)
			101(5)
			110(6)
			111(7)
表現できる数値の数	2	4	8

2倍　2倍

コンピュータにおいて、2進数の1桁を**bit**(ビット)といい、8bit(8桁のまとまり)を1Byte(バイト)といいます。bit数が多ければ多いほど、細かくセンサ出力の数値を表現することができます。その一方で、bit数が多くなると、それを処理するためには、より性能の高いコンピュータが必要になります。

このように、センサで得たアナログな情報を、コンピュータ処理できる2進数というデジタルな形に変換することで、私たちが目にする計測値になります。

なぜコンピュータは2進数なのか

コンピュータの内部では、電気信号を使って演算を行っており、1本の電線で1桁の数を伝達しています。ここで、もし、10進数を使えば、0〜9の10段階の情報が扱えますが、処理が複雑になると共に、ノイズの影響による誤差などが起きやすくなります。そこで、2進数を使い、**電気が「流れている」を1、「流れていない」を0の2つの状態にする**ことで、構造がシンプルになり、多くの情報を高速で処理することができます。ちなみに、コンピュータの内部では、画像や動画、文書など、コンピュータで扱うさまざまな情報は2進数で処理されています。

また、2進数には、間違いが起きにくいというメリットがあります。たとえば、もともと1であるべき信号がノイズの影響で0.8になったとしても1としてとらえたり、元々 0であるべき信号が0.2になっても0としてとらえたりすることができ、ノイズによる誤差の影響を少なくすることができます。

歴史的には、アナログコンピュータというアナログのまま演算するコンピュータもありましたが、現在では、0と1のみを使用するデジタルのコンピュータが主流になっています。

2進数で表現される文字

パソコンやスマートフォンで目にする「文字(日本語など)」も、コンピュータ上では2進数の数値で表現されています。その数値をみただけでは何と書いてあるかは、すぐにはわかりません。「文字」一つひとつには、2進数の数値の組合せでつくられた文字コードが割り当てられていて、それを基にコンピュータが処理し、私たちがわかる「文字」として表示しています。

01100001	01100010	01100011
a	b	c

▲2進数で表した「abc」

なお、日本語の文字はアルファベットよりも種類が多いため、日本独自の文字コードを使用しています。

14 アナログもデジタルも一長一短！

時間

08:05

高さ

アナログ ⇒ 1.5 メートル

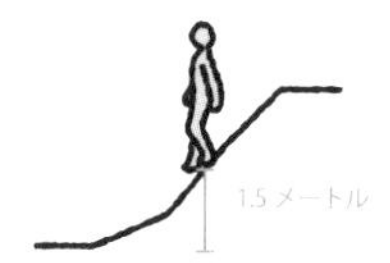

デジタル ⇒ 2 段目

アナログとは？デジタルとは？

センサ出力の多くは**電圧、電流、抵抗などの電気量で表現**されることと、その電気量は電子回路を介して、**コンピュータで取り扱える形に変換される**ことを説明しました。その説明から電気量というアナログな信号を、電子回路を通じて、コンピュータが扱うデジタルな信号へ変換されることがわかりました。そして、アナログ信号をデジタル信号に変換する役割を担うのは、**アナログ・デジタル変換器**（A/D変換器）というものでした。

アナログとは**連続的な量として信号・情報・現象を表現**するものです。例えば、連続した時計の針の回転は、時間をアナログ的に表現していたり、道路で目にする地点の高さを表す標高は、アナログ的に表現したりしています。一方、⑬にあったように、デジタルとは、**信号・情報・現象を整数値で表現**します。時間をデジタル的に表現するということは、1秒や1分ごとに離れた量のみ表現することになります。例えば、分までしか表示しないデジタル時計を見るとき、何秒後に次の数字に切り替わるかは把握できません。また、高さをデジタル的に表現する例として、1階ごとしか、増えたり減ったりしないエレベータや階段があります。

長所と短所

下表に、アナログとデジタルのそれぞれの長所と短所をまとめてみました。

▼アナログ・デジタルの長所と短所

	アナログ
長所	・瞬間的、直観的に量を把握 ・針を用いた時刻、速度などの提示
短所	・ノイズを受けやすく、除去には特別な処理が必要 ・複製、転送による劣化がおきる
	デジタル
長所	・ノイズを受けにくく、除去が容易にできる →0.8や1.2のような値を1に丸められる ・保存、複製、転送による劣化が生じにくい ・劣化の復元が可能
短所	・ノイズを受けた際、表現不能な場合もある →0.4や1.6のような値が0と2に丸められて、実際とかけ離れすぎた値になってしまう ・情報の紛失が起きやすい ・限られた範囲のみの記録しかできない ・量子化誤差（記録精度により情報が丸められる）

現在、多くの情報がデジタル化しているのは、上の表に示したデジタルの長所のおかげです。特に、劣化しても復元が可能なため、長きにわたり保存することが可能になります。

サンプル　離散時間信号　サンプリング間隔

15 アナログとデジタルをつなぐ「サンプリング」

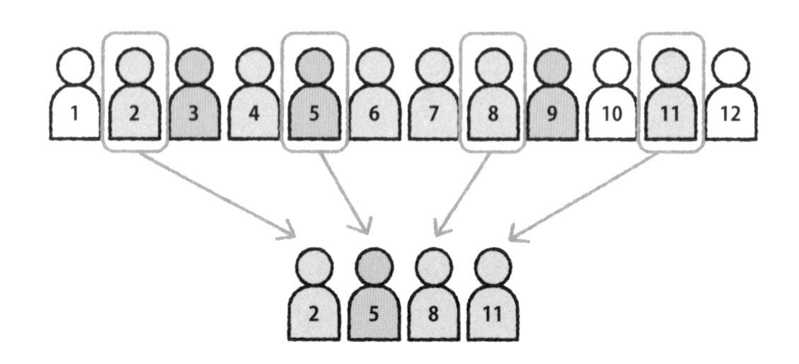

サンプリングとは

サンプリングとは、冒頭の図のように、一般には統計調査のために、多くの対象からサンプルを抽出することをいいます。その他にも、前節⑭で説明したアナログとデジタルを変換する処理のこともサンプリングといいます。

センサとコンピュータ間の処理

センサが計測した情報はどのように処理され、コンピュータに送られるのかをみてみましょう。

音を感知するマイクロフォンを例にみてみます。音声など、途切れることなく発されている信号を連続時間信号といいます。マイクロフォンは、図のように、アナログの連続時間信号から、離散した値を取り出して離散時間信号を作り出しています。この取り出す作業を**デジタルサンプリング**といいます。そして、**一定時間ごとに計測対象のサンプルを取って、コンピュータへ出力する**仕組みになっています。

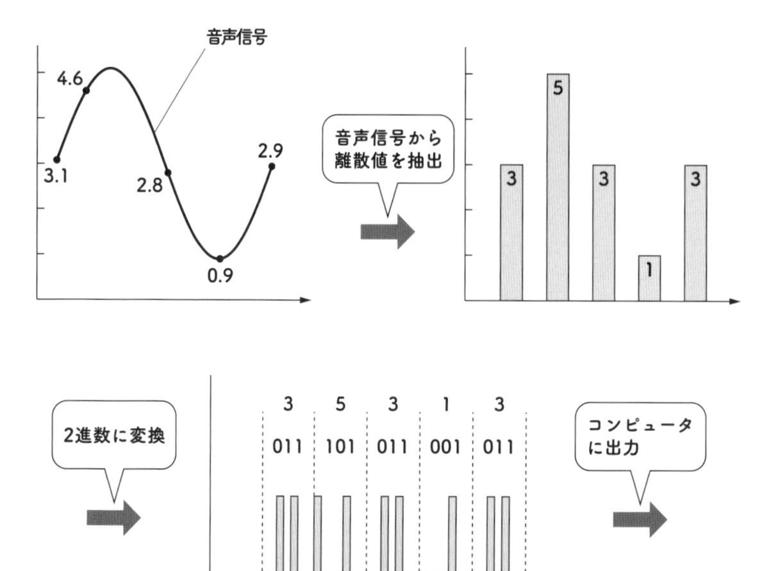

▲ デジタルサンプリングの流れ

計測対象の信号は、刻々と変化するため、サンプリング間隔は短ければ短いほど、より正しく捉えることができますが、データ容量が大きくなってしまいます。逆にサンプリング間隔が長ければ長いほど、センサ出力の頻度は少なくなり、記録はしやすくなります。ただ、信号が不安定な場合は、元の信号と異なってしまうケースがあります。使用目的にあわせて、**適切なサンプリング間隔**を選択する必要があります。

16 センサは何で構成されている？

センサの構成

センサは測定対象の物理量を取得し、電気量に変換して、その電気信号をコンピュータなどに送信します。そこで、センサの各構成要素について説明します。

（1）感覚部位（入力）

計測対象の**物理量を感知する部位**です。同じ物理量でも、さまざまな技術（方法）で感知できるため、目的に応じた技術を選択します。

（2）電気回路

感知した計測対象の**物理量を電気量に変換**します。

（3）電子回路（出力）

A/D変換器など、**制御システムに接続された電子回路**が含まれています。

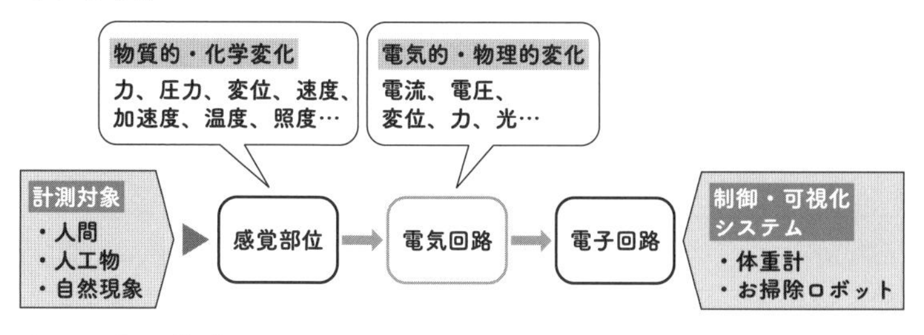

▲ センサの構成

以下に、センサが利用している物理原理の例を挙げます。

• 静電容量の変動	• インダクタンスの変動	• 抵抗の変動
• ホール効果	• 誘導	• ファラデー効果
• 光電効果	• 膨張、変形	• 圧電効果(ピエゾ効果)
• ドップラー効果	• 振動子の原理	• 熱電効果

受動的なセンサと能動的なセンサ

センサは、動作に電源が必要かどうかによって、受動的または能動的に分類されます。

受動的なセンサ(**パッシブセンサ**)は、外部からのエネルギー供給によって動作するセンサです。例として、サーミスタ(熱を検知するセンサ)やフォトレジスタ(光の有無を検知するセンサ)、ひずみゲージ(④参照)などがあります。これらは、物理現象によって変化した抵抗値を計測できる仕組みになっています。ただし、最初に述べたように、受動的なセンサが、動作する(出力信号を得る)には外部から電圧を印加する必要があります。

能動的なセンサ(**アクティブセンサ**)は、内部の電源によって動作し、測定するセンサです。放出した赤外線で侵入者を検知する防犯センサや人や車を検知するセンサなどに使用されています。能動的なセンサ自体の種類は少数ですが、応用分野は多岐にわたります。

コラム 1 A/D変換器の分解能

電圧を検知するセンサを例に、A/D変換の仕組みをみてみましょう。あるセンサに0Vから5Vの電圧が入力される場合、A/D変換器の入力は0〜5Vの間となりますが、出力は、その入力電圧を2進数で表現したものになります。したがって、2進数の表現に1bit(1桁)しか使えない場合、出力できる値は0と1の2つのみになります。その場合、0Vは0に、5Vは1に変換されます。もし、電圧の計測値が0〜5Vの間の場合、2Vを計測した場合は出力が0、3Vを計測した場合は出力が1といったように、0Vと5Vに近い方に四捨五入にされます。

A/D変換の精度(どこまで細かく検出できるか)を分解能といい、単位はbit(ビット)で表します。もし、A/D変換器の出力が2bitならば、00、01、01、11の4つの出力が可能となります。このように、A/D変換器のビット数が多ければ多いほど、アナログ入力の値の変化を細かく表現することができることになりますが、ビット数を増やすことで計算時間や必要なメモリ容量も増えてしまいます。細かさと処理の手軽さの間のバランスを考えるうえで、A/D変換器の分解能は重要な要素になります。

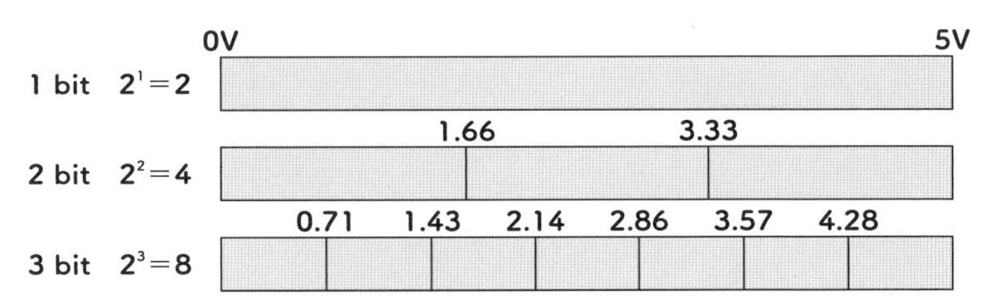

▲ 3 bitまでのA/D変換の分解能

Chapter

3 センサで位置や動きを測る

Chapter 3では、位置や動きなどの物理量を測るセンサにスポットライトを当ててみましょう。少し難しくなりますが、できるだけわかりやすく説明するので、ゆっくり取り組んでください。

17 工場の自動化にエンコーダは欠かせない!

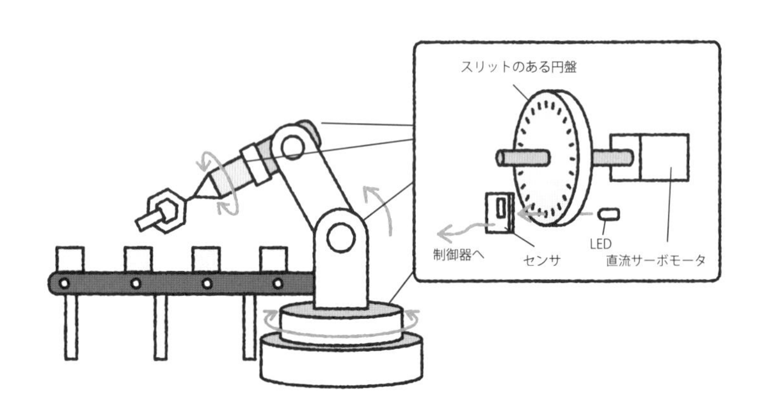

エンコーダとは

エンコーダ(encoder)とは、**対象物の位置や動きを信号に変換・符号化(encode)するセンサ**のことです。エンコーダは位置情報によって移動速度や方向、加速度を推定することが可能です。エンコーダは高精度の位置制御センサとして、事務機器や工作機械、工業用ロボットなどに広く使われています。

エンコーダの計測方式

エンコーダが対象物の動きを計測する方式には、磁気を使った低価格の**磁気式**、光を使うことで繊細な計測を可能とした**光学式**、小型化されたコイルを使った**電磁誘導式**、回転する機械を使った**機械式**があります。なかでも、電磁誘導式は、低価格かつ繊細な計測が可能であることから、普及が加速しています。

エンコーダの選択方法

位置や動きをとらえるエンコーダにはさまざまな種類があるため、選択するうえで、次の①～④に注意する必要があります。

①監視する対象はどのように動くのか（直線運動か、円運動かなど）

②測定対象（位置、移動速度など）は何か

③どのような環境条件か

④計測するうえで、必要な解像度はどれくらいなのか

というように、目的、使用環境、条件など、さまざまな事項を考慮し、適切なエンコーダを選択する必要があります。

エンコーダが大活躍

ものづくりを支える工場では、エンコーダは幅広い用途に使用されています。

①制御対象の部品が組み立て、切断、穴あけなどの作業に対して正しい位置にあることを確認します（**位置制御**）。

②モーターとコンベアの速度を制御して、一貫した生産品質を実現します（**速度制御**）。

③制御システムにリアルタイムでフィードバックをして、精度と効率を向上させます（**フィードバックシステム**）。

移動量を検出する2つのタイプ

エンコーダには移動量を検出する2つのタイプがあります。角度や回転の移動量を検出する**ロータリエンコーダ**と、直線の移動量を検出する**リニアエンコーダ**です。どちらのエンコーダも移動量を検出しますが、それぞれどのような違いがあるのか、⑱でロータリエンコーダを、⑲でリニアエンコーダを説明します。

18 回転を測るスペシャリスト

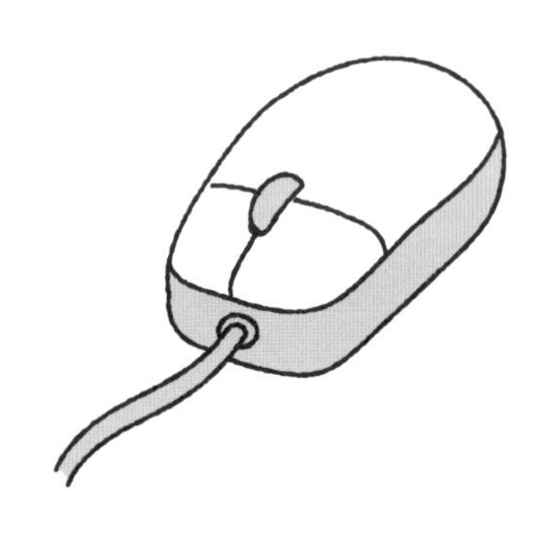

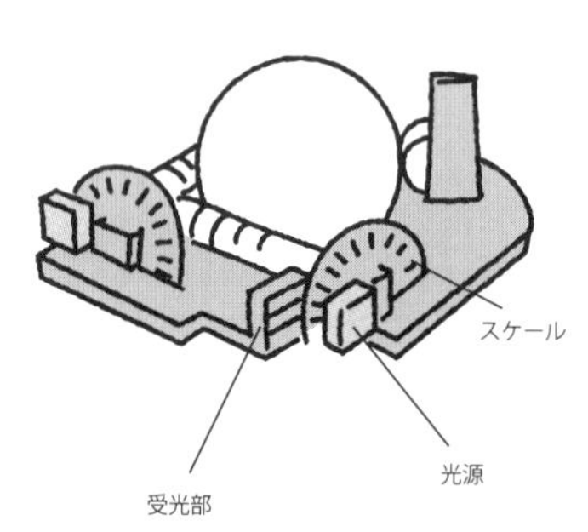

ロータリエンコーダとは

ロータリエンコーダは、**回転軸上の位置や変位を測る**ためのセンサです。たとえば、一昔前の回転する玉が入ったマウスや、ロボットアームのような回転する機械の位置を把握するためなどに用いられます。**ロータリエンコーダが収集できる情報は、角速度、位置、変位、方向、加速度です**。

インクリメンタル型/アブソリュート型

ロータリエンコーダは、原理によって、インクリメンタル型とアブソリュート型に分類されます。

インクリメンタル(incremental)は「増加する」という意味で、インクリメンタル型ロータリエンコーダは、図にある穴の数を読み取り、**基準からの増加(変化)を測定します**。それに対して、アブソリュート(absolute)は「絶対の」という意味で、アブソリュート型ロータリエンコーダは、**絶対位置を読み取ります**。図にあるとおり、位置によって読み取れる穴の形状が変わるため、その穴に対応付けられた位置を特定することができ、その結果として、絶対的な位置を測定することが可能となります。

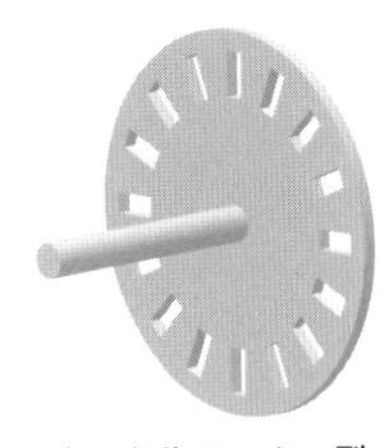

インクリメンタル型

アブソリュート型

▲ ロータリエンコーダ

光学式と磁気式

エンコーダの計測技術として⑰で触れた、光学式と磁気式について説明します。

光学式のロータリエンコーダは、**発光ダイオード(LED)を使用して角変位を「読み取り」ます**。高性能であることから、産業界では、光学式が広く使用されています。しかし、測定対象にほこりや油などの汚れがある場合、正確な角変位が読み取れない可能性があることや振動の影響を受けやすいなどの欠点もあります。

磁気式のロータリエンコーダは、回転軸に取り付けた複数の**永久磁石と固定された磁気センサを使って、回転に伴う磁気変化を磁気センサが読み取り、角変位を読み取ります**。磁気式のロータリエンコーダは汚れによる影響が少ないといった長所があります。

リニアエンコーダ

加速度　発光ダイオード　永久磁石

19 直線を測るスペシャリスト

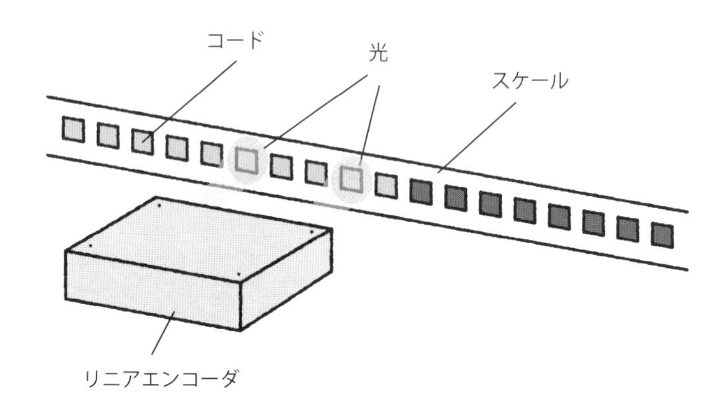

リニアエンコーダとは

リニアエンコーダは、**直線上の位置や変位を測る**ためのセンサです。たとえば、精密な位置制御が必要な工作機械などでは広く使用されています。**リニアエンコーダで収集できる情報は、位置、変位、加速度です。**

インクリメンタル型/アブソリュート型

ロータリーエンコーダと同様、リニアエンコーダにもインクリメンタル型とアブソリュート型の両方があります。インクリメンタル型エンコーダは、**基準とした位置からの増加**(変化)**を測定する**のに対し、アブソリュート型では、**各位置に一意のコード**(絶

対位置)を割り当てて、その場所を直接識別します。

ロータリエンコーダとリニアエンコーダのいずれも、インクリメンタル型は相対位置の変化を測定し、アブソリュート型は絶対位置からの変化を測定します。

光学式と磁気式

⑱でも説明したように、リニアエンコーダにも光学式と磁気式の、2つの測定方式があります。

光学式リニアエンコーダは、**発光ダイオード(LED)を使用して直線上の位置・変位を「読み取り」ます**。この光学技術の解像度は、およそ5μm（マイクロメートル）と非常に精密です。一方、光学式であることから、やはりほこりや汚れ、振動には敏感です。

磁気式リニアエンコーダは、**永久磁石と磁気式ロータリーエンコーダを使用して、永久磁石から発生する磁界の変化を磁気センサで「読み取り」ます**。光学式エンコーダのように、ほこりや汚れ、振動の影響を受けにくいだけでなく、比較的低価格ではありますが、光学式用のスケールよりも精度が低くなることから、光学式の方が多く利用されています。最近では、精度が向上し、非常に正確な絶対角度の測定ができるものもあります。

リニアエンコーダの応用例

リニアエンコーダの応用例として、**半導体製造装置**があります。半導体の製造プロセスでは、ウェハの位置決めやステージの移動を非常に高い精度で制御する必要があるため、精密な位置決めと速度制御が可能なリニアエンコーダが用いられています。また、エレベーターの正確な階層停止や速度制御にもリニアエンコーダが用いられており、乗り心地の改善や安全性の向上が図られています。

20 電波はセンサにもなる！

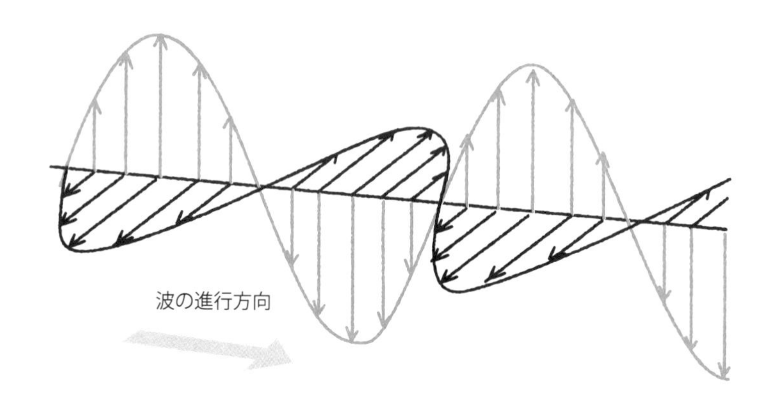

直行しながら進む波 ― 電磁波

電磁波とは、**電界と磁界が相互に直交しながら進んでいく波**のことをいいます。ラジオやテレビの電波、光、エックス線なども**電磁波**の一種です。電磁波の山と山（もしくは谷と谷）の間隔を波長といい、波長によってその特性が変わります。

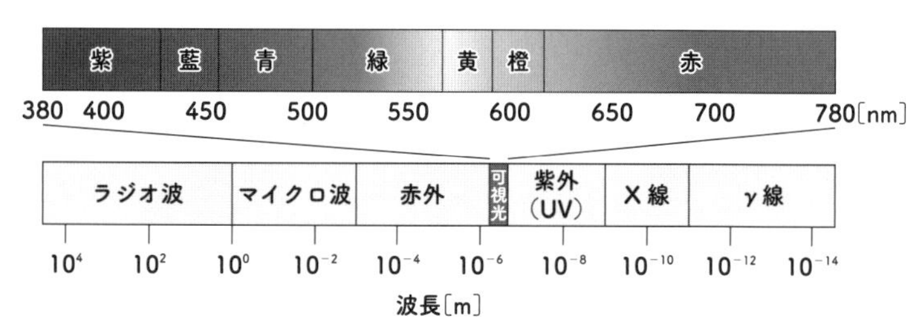

▲ 波長による光の色と分類

人間が見える波長(可視光)はおよそ380〜780nm(ナノメートル)で、波長の違いが色の違いとなります。また、波長が100μm(マイクロメートル)以上の電磁波を**電波**といい、図のように波長によってさらに細かく分類されます。

センサとしての電波

電波は通信・放送に使われるように、「**情報伝送**」の役割を担っていますが、実は、電波は「センサ」として使うこともできます。電波をセンサとして使っている4つの例を挙げます。

①物体に電波を当てて、その**反射情報**にのせられた識別子やセンサで得た情報を読み取ります(例:RFID)。

②電波が反射する性質を利用し、発射した電波が**反射して戻ってくるまでの時間を計測**することで、距離がわかります(例:ソナー)。

③電波は送信してから受信するまでの距離が長くなるにつれて、一般的には受信する電波の強さ(出力)は弱くなるので、送信機から受信機の間の空間的距離によって**変化する受信強度**で距離がわかります。

④送信機から受信機の間に物体があった場合、**電波どうしが干渉して変化することを利用**して、物体の存在や動きを把握することができます。

②、③を多地点から行うと、物体の位置を特定することも可能となります。

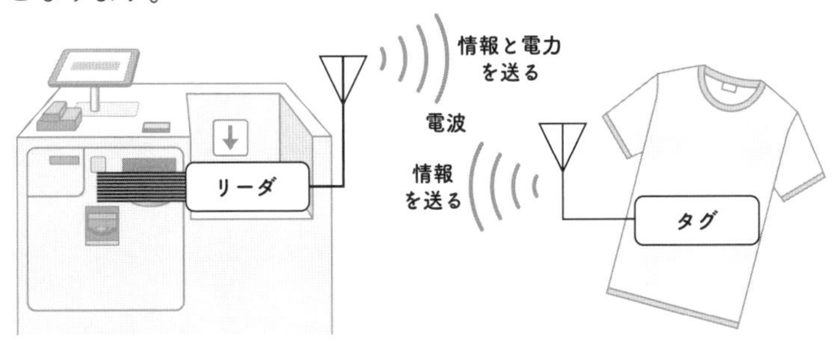

▲反射情報を読み取る仕組み(衣料品店のセルフレジ)

3 センサで位置や動きを測る

21 GPSがあれば迷子にならない？

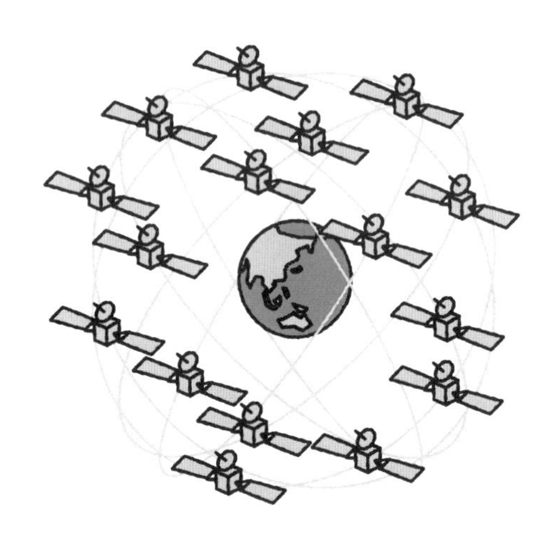

位置情報取得システム

現在、世界各国で**人工衛星**を使って位置情報を取得するシステムが作られており、このシステムをGNSS（Global Navigation Satellite System）といいます。その中でも、1980年代に米国が開発した**GPS**（Global Positioning System）は、当初軍事用として使用されていましたが、現在は受信機があれば、誰でも自由に利用することができます。

GPSは、スマートフォンに標準機能として搭載されているセンサです。そのため、スマートフォンを持っているだけで、自分の現在地を知ることができます。地図アプリや子ども・高齢者の見守りサービス、位置情報を用いたゲームなど、さまざまな用途に使用されています。

人工衛星から発信される電波

GPSは、高度約20,000kmの軌道を周回している、24基の人工衛星(GPS衛星)から発信される電波を利用しています。GPSの受信機は、**3基以上の人工衛星から発信されている電波をキャッチ**します。そして、それぞれの人工衛星の電波発信位置と時刻から、人工衛星との距離を算出し、**三角測量**の原理で位置を特定します。また、4基目のGPSから時間情報を受信することで、より正確な位置情報がわかります。

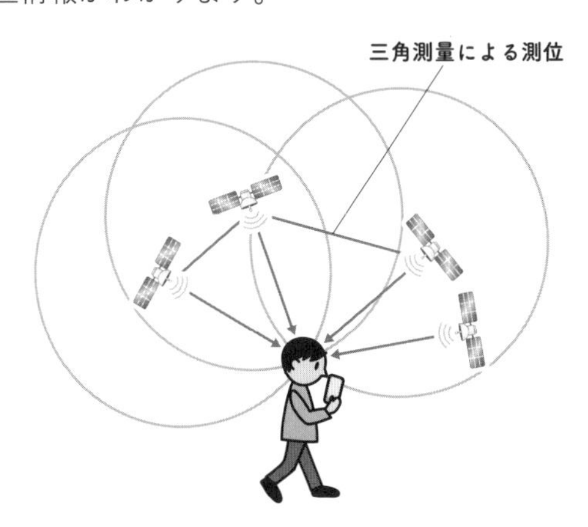

▲ GPSによる測位の仕組み

このようにGPSでは、人工衛星から発信された電波を受信して情報を取得するため、高層ビルが立ち並ぶところでは、**電波の反射により正確な位置を測定できないことがあります**。また、人工衛星の電波が入りづらい屋内でも、同様に正確に位置情報が取得できないことがあります。そのため、屋内での位置情報の取得には、Wi-Fiや㉒で紹介するUWBのような電磁波を使った別の技術が使われることもあります。

UWB —きわめて広い周波数帯

無線通信技術 — UWB

UWBとは、**Ultra-Wideband**（ウルトラワイドバンド）の略称で、その名前が示すように、きわめて広い周波数帯を使用する**無線通信技術**のことです。通常、**周波数帯**というのは貴重な電波資源であることから、政府により、用途は帯域ごとに厳密に決められています。しかし、すでに政府によって他の用途が決められている周波数帯域でもUWBは使われており、その帯域幅は数百MHz以上と広範囲に及びます。

なぜ、他の用途に割り当てられている周波数帯域も使えるのでしょうか。それは、**UWBの出力は小さく、10m程度の局所的な範囲でしか通信できない**からです。限られた範囲であることから、他に用途が決まっている周波数帯域でも使うことができます。
一般的に空間に放出される電波信号は、短い時間のパルス信号となります。パルス信号のように短い時間で大きく変化する信号は、多くの周波数成分を含むことになり、その結果、周波数としては広範囲にわたることになります。

UWBを用いた商品

UWBの通信範囲が10m程度という非常に狭いことを利用した、探し物を見つけるための商品があります。Apple(アップル)社が出す、AirTag(エアータグ)という商品です。機能としては、たとえば、AirTagをつけた鍵を失くした時、iPhoneを使ってAirTagを探せば鍵を発見できるというものです。
原理は、まずiPhoneがパルスを放射すると、探しているカギについたAirTagが反応します。AirTagからの情報により場所を特定します。**AirTagが発する電波をiPhoneに搭載されているセンサが受信する**ことで、タグの位置を特定します。

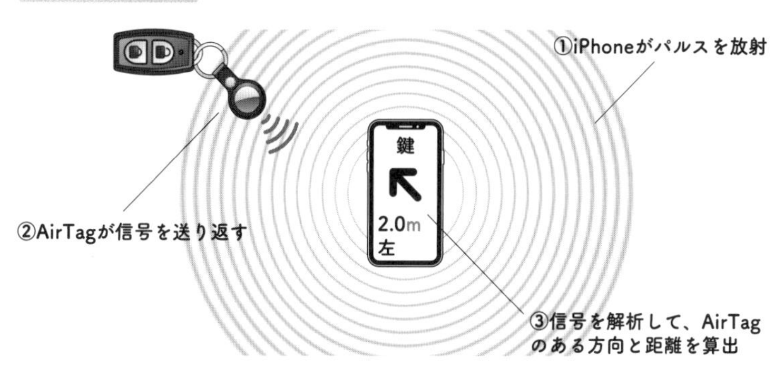

▲ UWBを用いた場所を特定する原理

また、自分のAirTagを手元にあるiPhoneで認識できるだけでなく、Apple社のネットワークにより収集されたAirTagの信号によって遠くにあるAirTagの場所を把握することもできます。

Bluetoothがワイヤレスを実現した

Bluetooth

1999年に初めて発表されたBluetooth（ブルートゥース）は、Wi-Fiよりも小電力かつ近距離に限定した、**無線通信技術**としてスタートしました。Bluetoothは、携帯電話機のコードレスイヤフォンやゲーム機で使われ始め、今では多くの場面で活用されています。Bluetoothの中でも、消費電力を大幅に削減したBLE（Bluetooth Low Energy）は、2009年以降に多くのスマートフォンに搭載されています。このBLEは、スマートフォンだけでなく、家電製品などをインターネットに接続して通信機能を持たせる**IoT技術**にも欠かせません。Bluetoothによってワイヤレスイヤフォンで音楽を聴けたり、IoT家電を活用できたりするのも、イヤフォンや家電製品にBluetooth対応センサがついているからです。

Bluetooth自体の主な目的は、あくまでも近距離でのデータ通信です。小電力であるがゆえに、電波は近い距離にしか届きません。前節㉒で紹介したUWB同様に、**Bluetoothを活用することで、近い距離であれば位置の特定**が可能です。

BLEビーコン

BLEビーコンは、Bluetoothの送信デバイスを基準点とし、そこから放出されるBluetoothの電波を用いて、受信するデバイス（スマートフォンなど）が、その電波の内側にあるか、外側にあるか判定しています。

「**ビーコン**」とは、無線で定期的に信号を発信する機能を持つ、端末（基地局）のことです。ビーコンから送信されるBLEの電波をスマートフォンが受信することで、スマートフォンがビーコンと通信可能な範囲にいるかを判定します。

▲ BLEビーコン

これを利用して、店舗に来店した客のスマートフォンに情報を送信することができます。置かれたデバイスと連動させることで、その店舗特有のクーポンを発行するといったことが可能となります。つまり、**GPS電波が届かない屋内にあっても通信機能が使える**という長所があります。

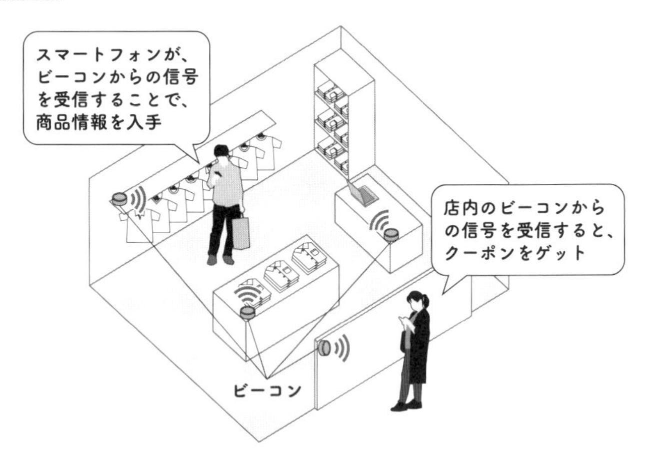

▲ ビーコンを活用したサービス

BLEビーコンの応用例

(1) 大学の出席管理システム

現在は20代の9割以上がスマートフォンを持っているといわれています。そこで、大学の授業の出席管理をスマートフォンのBLEビーコンで行うシステムが開発されています。あらかじめ、スマートフォンのID(正確には MACアドレス)を登録しておき、そのIDを含むBLEビーコンを検出できれば、その所有者が、BLEビーコン受信機の近隣にいる(出席している)ということになります。この性質を利用して、スマートフォンが教室内にある＝所持者がいるということで、出席を管理しています。

(2) オフィス入退室管理システム

前述した出席管理システムはオフィス環境にも適用可能です。従業員が所有しているスマートフォンのIDをBLEビーコンから抽出できれば、その従業員の位置がわかります。これによって、座席管理(どこの席が空いているか)や、オフィスや会議室の入退室の管理などに使用することができます。

(3) COCOA

新型コロナウィルス感染症(COVID-19)が蔓延した期間に、COCOAというアプリをインストールしておくことが推奨されました。ここにもBLEビーコンが使用されており、COCOAを動作させるスマートフォン2台が通信可能範囲に入ると、BLEビーコンからお互いに相手のスマートフォンが近隣にあることを認識でき、接触の判断材料となりました。

(4) ナビゲーションシステム

美術館や博物館などの施設では、BLEビーコンを利用してリアルタイムで位置情報の取得を行い、来場者に適切なタイミングでナビゲーションが行われるようになっています。たとえば、美術館で、アプリを登録したスマートフォンを持つ来場者が、美術品の近くに設置されたBLEビーコン受信機の範囲内に入ると、音声ガイドが流れるようになっています。美術館には多くの美術品があるため、Bluetooth の通信範囲の狭さを活かした利用方法ともいえます。

これらの例のように、Bluetoothを応用したさまざまなシステムが作られています。

Bluetoothの欠点

Bluetoothは、以上のように生活のあらゆる面で利便性を高めますが、欠点もあります。まず、通信を可能にする前に、2つのBluetoothを接続する機器の間で、「ペアリング」という設定が必要になります。ペアリングとは、機器どうし初めて接続する際に行う登録のことをいいます。また、接続のしやすさからセキュリティという点でもリスクがあるといわれています。ほかにも、Bluetoothの互換性(バージョン)の問題でつながらない場合もあり、今後の改善が待たれます。

ミリ波　回折現象　ビームフォーミング

24 ミリ波で周囲を検知する

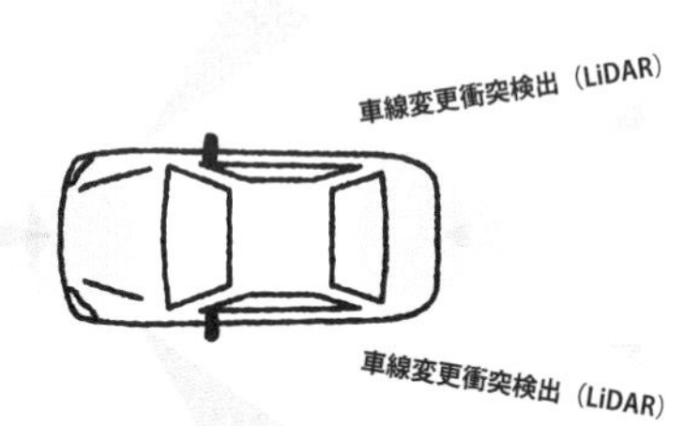

電波の種類と特徴

波長が100 μm以上（周波数が300万MHz以下）の電磁波を電波ということを⑳で説明しました。次の表のように、**電波は、波長（周波数帯）ごとにさまざまな用途に使用されています**。なお、波長が短い（周波数が高い）ほど、直進性（電波がまっすぐ進む性質）が強く、情報伝送容量が多いといった特徴があります。

我々は好きなように電波を送信してはいけません。思うがままに電波を送信すると、その周波数帯で電波の干渉が生じ、次の表の用途にあるサービスに支障が生じます。一部の自由に使える周波数帯を除いて、特定の周波数帯を使用するには免許の取得や所定の手続きが必要になります。

▼ 周波数帯ごとの電波の特徴

名称／周波数帯	波長	用途
超長波(VLF) 3～30kHz	10～100km	海底探査など
長波(LF) 30～300kHz	1～10km	船舶・航空用ビーコン、電波時計など
中波(MF) 0.3～3MHz	100～1000m	船舶通信、AMラジオなど
短波(HF) 3～30MHz	10～100m	短波放送、船舶・航空無線など
超短波(VHF) 30～300MHz	1～10m	FMラジオ、警察・消防無線など
極超短波(UHF) 0.3～3GHz	0.1～1m	携帯電話、TV放送、レーダなど
マイクロ波(SHF) 3～30GHz	1～10cm	放送中継、無線LAN、レーダなど
ミリ波(EHF) 30～300GHz	1～10mm	衛星通信、レーダなど
サブミリ波 300GHz～3THz	0.1～1mm	天文観測など

ミリ波の特徴

ミリ波とは、波長がおよそ1～10mmの電波のことをいい、30～300GHzの周波数帯に相当します。電波は、ミリ波のように波長が短くなればなるほど、直進性が高まり、**回折現象**(障害物の背後に波が回る現象)が弱くなります。携帯電話の電波の場合、回折現象が弱くなるのは短所となりますが、回折現象が弱い(直進性が高い)ことは長所にもなります。この長所を生かし、ミリ波はレーダに使用されています。

ミリ波レーダは、「太陽光の影響を受けない」、「雨や霧に対する透過性が高い」、「観測対象の相対速度を検出できる」、「150m以上の距離を検出できる」などの特徴があり、現代の**自動車は衝突防止としてミリ波センサを搭載**し、周辺を監視する手段として使われています。

ビームフォーミング

ビームフォーミングとは、デバイスの位置や距離を検出して、それに見合った強さの電波を特定の方向に発射する機能です。図に示すように、反射波を受信するアンテナを複数並べた時に、ビームフォーミングの反射波は、複数ある受信アンテナへ到着する時間に差が出ます。この**時間差は、位相差となって現れます**。ただ、受信信号(反射波)を合成する際に、移相器で調整することで、対象とする物体の方角を推測することが可能となります。

通常、アンテナの長さは波長によって変わりますが、このビームフォーミングの原理を利用することで、アンテナを小さくすることができます。ビームフォーミングは、自動車の自動運転技術で威力を発揮します。電波の方向を正確にすることで、自動運転では、**ビームフォーミングはセンサや通信機器の性能を最適化するために使用されます**。電波を正確に指向することで、自動車は他の自動車や道路上の障害物、さらには信号機などのインフラストラクチャとより効果的に通信できるようになります。これは、自動運転が行われている自動車が周囲の環境をより正確に把握し、より安全に走行するために重要です。車載通信システムにおけるビームフォーミングの利用は、5Gや6Gなどの高速無線通信技術と組み合わせることで、自動車業界における革新的な進歩を促進する可能性があります。これにより、車両の接続性、自動運転技術、交通管理システムの向上が期待されます。また、この技術は携帯電話や無線通信などにも利用されています。

5G対応のスマートフォン(携帯電話)ではミリ波帯が使われています。5G基地局はビームフォーミングにより、特定のユーザーのスマートフォンに直接信号を送信することができます。これにより、信号の到達距離が延伸され、障害物による影響が軽減される効果があるうえに、特定の端末の方向に信号を集中して送信できるため、データレートを向上させることが可能です。さらに、ビームフォーミングにより、基地局において、従来の無指向性アンテナよりも遠くまで信号を届けることができ、1つの基地局のカバー領域が拡大します。

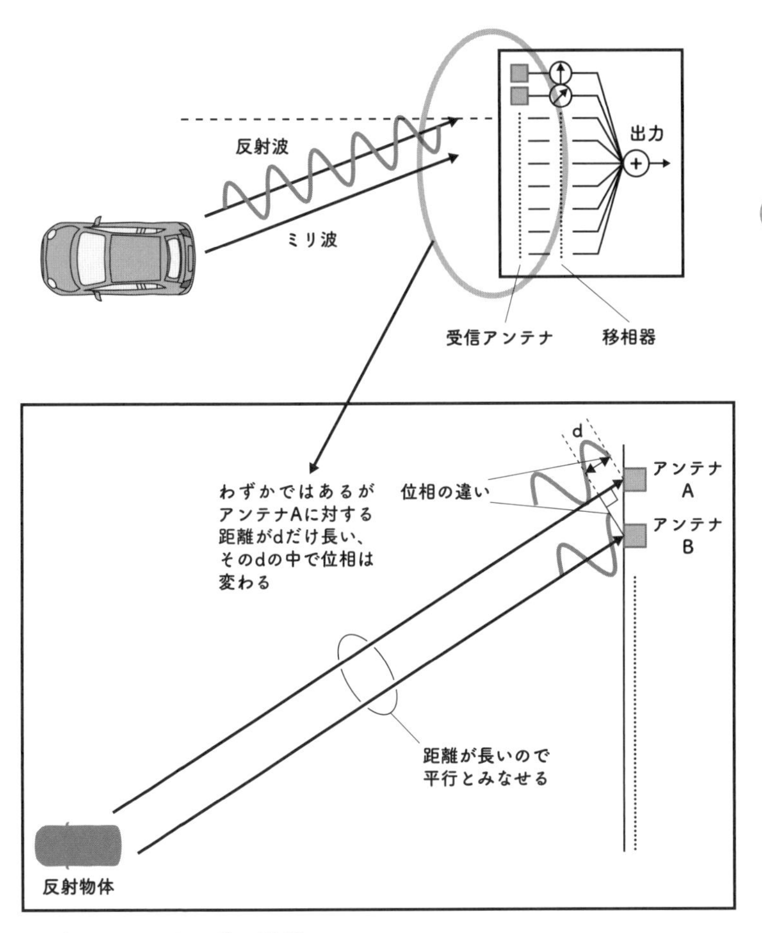

▲ ビームフォーミングの原理

25 光を用いて位置を計測

PSD（Position Sensitive Device）

位置計測に用いられる技術の中で、光を用いた計測は精度の高い方法として注目されており、Chapter 2でも説明してきました。以前は、光を用いた計測には、画像の走査（電気信号を点の集合に変換して画像を構成すること）を必要としていました。しかし、走査を行うことでサンプリング周波数が落ちるという欠点がありました。そこで、その欠点を解消する技術として、光位置センサ（**PSD**）が開発されました。

光を用いた計測はどのような原理なのか、また、PSDを応用した例はどのようなものがあるかみていきましょう。

光を用いた位置計測

少し難しいお話になりますが、位置の計測はどのように行われているか、図を使いながら原理を説明します。

PSDでは、物体から反射してきた光を**入射光**としてとらえます。図にあるように、PSDには光が入射してくる側と反対の入射しない側(共通電極)にそれぞれ**電極**があります。PSDに光が入射すると、レンズ側の電極に入射した光量に応じて電極表面に電流が流れます。その電流から物体の入射角度を算出し、**物体までの距離を出力**しています。

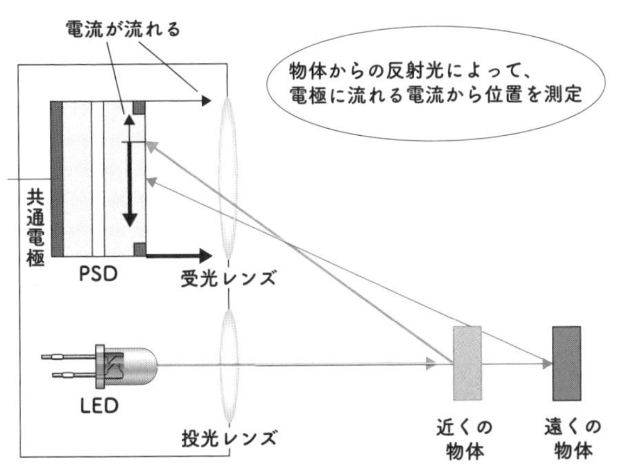

▲ 光位置センサ(PSD)の位置計測の原理

以上の方法で、光を用いての位置計測が可能となります。

PSDの応用は幅広くあり、レーザビームの位置をリアルタイムで監視することが一例として挙げられます。レーザ加工、医療でのレーザ治療、科学研究でのビーム位置の制御など、そのような時にレーザの正確な位置制御は欠かせません。

ほかにも、建設現場での地形測量や建物の測定にもPSDが使われます。高精度な距離測定を行い、正確な地図作成や建設計画の策定に貢献します。

ドップラー効果が可能にする球速の測定

ドップラー効果

野球の試合では、ピッチャーの球速が球場の大型ビジョンや中継のテレビ画面に表示されます。いったい、ピッチャーが投げる球の速さはどのようにして計測しているのでしょうか。一般的にスピードガン、またはレーダガンと呼ばれる装置を使い、計測されています。

スピードガンを使って速さを計測するために用いられる原理は、**ドップラー効果**です。ドップラー効果とは、観測者や測定対象が移動している時、周波数が変動する現象です。たとえば、救急車のサイレンが近づいてくる時と、遠ざかる時とでは聞こえてくる音の高さが違うというものがあります。その理由は、まさに周波数が異なるからです。

▲ ドップラー効果による聞こえる音の違い

ドップラーセンサ

野球の球速測定に使われるスピードガンは、移動体（ピッチャーの投げた球）に電波を発射し、発射した電波と反射して戻ってくる電波の周波数の差によって、物体の速度を測定する原理を利用しています。図のように、**球速が速いほど周波数は高くなります**。

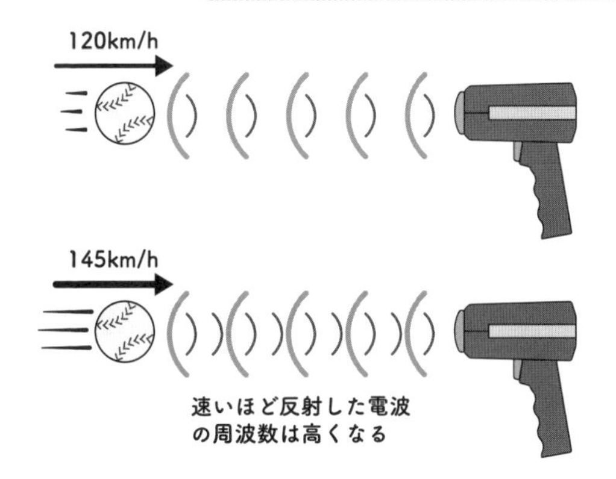

▲ 速度による電波の周波数の差

これは、ドップラーセンサを用いた速さの計測です。ドップラーセンサを用いた速さの計測にはスピードガン以外にも、車の速度違反を取り締まるオービスなどがあります。

加速度を測れば歩数だってわかる

加速度とは

加速度とは、どれくらい速度が変化したか(加速か減速か)を表すものです。物体の速度が変化する時には加速度がかかります。たとえば、停止状態から、時速80km/hに10秒で到達する場合と5秒で到達する場合では加速度が異なります。加速度の単位・精度は「m/s^2」で表します。なお、地球の重力による加速度は約9.81 m/s^2であることから、重力加速度分を1Gとし、その倍数で加速度を表すこともあります。

加速度センサ

加速度センサは、物体の直線加速度または振動を3次元で測定できるセンサで、加速度計とも呼ばれます。また、加速度センサの出力を、時間で積分することで直線の瞬間速度を算出することができます。さらにもう一回積分をすることで、瞬間変位（位置の変化、移動距離）を算出することができるため、空間において物体が動いた量と動きの速さ（どういう周期で動いているか）を検出するために有効なセンサです。

多くの場合、加速度センサは機械部位と電子部位の2つの部位に分けられます。機械部位はセンサ内部に含まれるおもりの加速度を検出し、電子部位はその信号を解析・処理します。加速度センサは、スマートフォン、飛行機、スマートウォッチなど、日常の多くのものに使用されています。

▼加速度センサの活用例

検知する事象	活用例
重力	パソコンやスマートフォンの傾き、セグウェイなど
振動	機械の異常振動、橋梁の交通量モニタリングなど
衝撃	自動車エアバッグやドライブレコーダーの記録など

一般に、測定範囲が20G以下の加速度センサを低G加速度タイプ、20Gを超える加速度センサを高G加速度タイプと分類しています。低G加速度センサは重力や振動、人などの動きを検知する目的で利用することが多く、高G加速度センサは衝撃の検知が主な用途です。

加速度センサの4つの方式

加速度センサには、主に、以下の4つの方式があります。

(1) ピエゾ抵抗式

変形すると電気抵抗値が変わるピエゾ抵抗素子を使った、最も一般的な計測原理です。バネで支えられた重りの変位を、バネに配置したピエゾ抵抗素子により検出します。比較的構造が単純で、4つの中では最も小型で低コストである一方で、精度は他の方式と比べて劣ります。ゲームや携帯機器などの小型機器に使用されています。

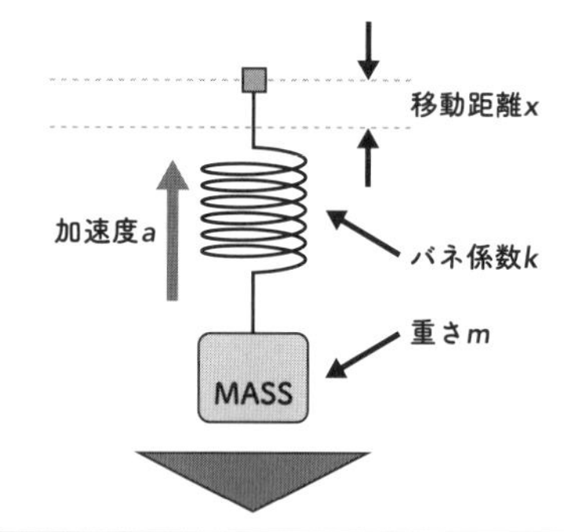

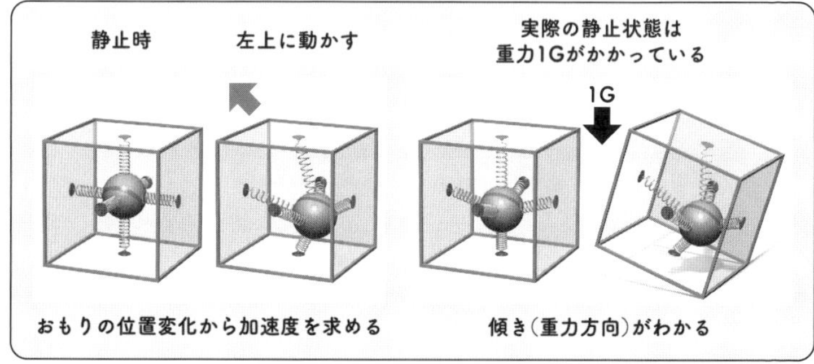

加速度によるおもりの力（$m \times a$）とバネにかかる力（$-k \times x$）は等しい

▲ ピエゾ抵抗式加速度センサの仕組み

(2) 周波数変化式

圧電素子を事前に共振周波数で振動させ、その周波数の変化を検出します。わずかな変化、長周期振動や、微小変位量・角を求めることが可能であることから、構造物ヘルスモニタリング（劣化・損傷などの解析・診断）、地震、環境振動計測などのデータを必要とする作業に適しています。

(3) 静電容量式

静電容量式の加速度センサは、その名前が示すように、静電容量によって機能するセンサで、可動電極と固定電極、おもり、そしてバネで構成されています。このおもりが動くと、可動電極と固定電極の静電容量値が変化し、加速度を求めることができます。温度特性に優れており、精度は比較的高く、低加速度の計測に向いています。また、自己診断機能が実現しやすく、自動車の車体制御や、機械の姿勢制御などに広く採用されています。サイズが小さく、低価格なことから、IoT分野では静電容量式加速度センサの需要が多くなっています。

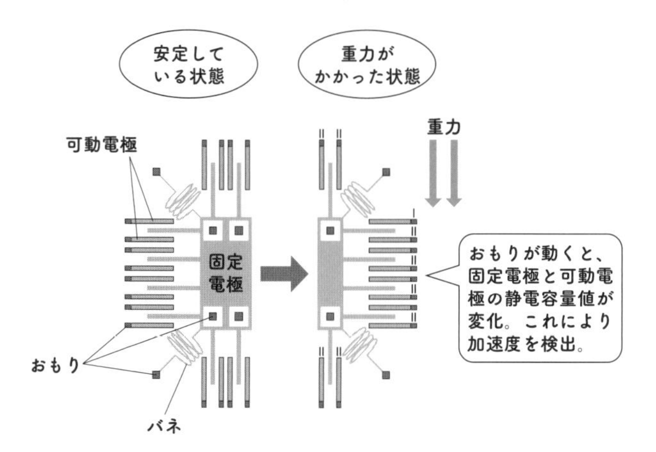

▲ 静電容量式加速度センサの仕組み

(4) 熱検知式

センサ内で暖められた気流が加速度によって変化するのを、温度計測抵抗値の変化により検出します。機械的可動部がないため、衝撃や振動に強いです。比較的低価格ですが、周波の振動や急激な加速度変化を検出するのが難しいという欠点があります。そのため、用途が限られており、高温の中で航空機や自動車のエンジンの加速度を測定し、エンジンの状態を監視することなどに使用されています。他にも、エアバッグの展開システムなど、自動車の安全システムにおいて、熱検知式加速度センサは使われています。

28 地球の自転を利用するセンサ

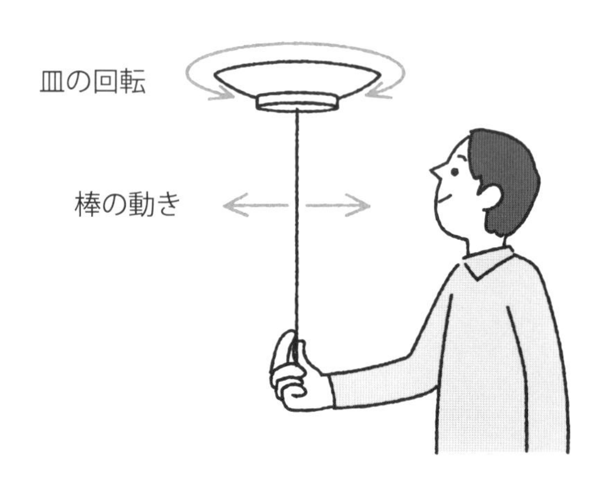

角速度センサとは

角速度センサとは、**回転速度を測るセンサ**で、ジャイロセンサやジャイロスコープとも呼ばれます。この**角速度センサ**は、⑦でもセグウェイに搭載されているセンサとして、少し説明しましたが、もう少し詳しく説明します。角速度センサは、物体に回転する力が加わると、力の方向とそれに垂直な方向に、**コリオリ力**が発生するという現象を利用して回転速度を検出するセンサです。コリオリ力とは、「回転する物体の上で移動する物体には、力が働いているように見える」という現象です。実際には見かけの力（慣性力）であり、これは、地球の自転によって引き起こされる現象です。

角速度センサで検出した値は「度／秒」で表します。また、角速度センサの出力を、時間で積分することで、角度を算出することができます。そのため、**空間における物体の向きや方位、姿勢を検出するために有効なセンサ**です。

角速度センサの4つの方式

角速度センサには、主に、以下の4つの方式があります。

（1）振動式

素子を振動させて、**素子に加わるコリオリ力を計測する**ことで、角速度を検出します。MEMS（メムス）（半導体チップと同程度の微細機械電子システム）で製造することが可能なことから、多くの電子機器に搭載されています。ゲームコントローラーには、角速度計が付いており、ユーザーの手の動きを画面に反映させます。

（2）機械式

回転式ともいいます。回転するこまや皿などの物体に傾けるような力を加えると、元の状態に戻ろうとする慣性力が働きます。この**慣性力を検出**することで、元の傾けようとした力の角速度を算出します。ロボットの関節部分に角速度センサが用いられ、ロボットの滑らかで正確な動作を実現しています。

（3）流体式

回転による角速度からコリオリ力が生じる結果、**センサ内部に流れている気体の流れによって発生した偏りを検出**して角速度を求めます。衛星や宇宙船の姿勢制御において、角速度計が用いられます。角速度データを得ることで、衛星の正確な軌道制御や姿勢維持が可能になります。

（4）光学式

回転する円形の光路において、光が一周するためにかかる時間は方向によって差が生じます。その**時間差を検出する**ことで、角速度を求めることができます。

コラム｜2　ジャイロ効果とは？

回転する物体は回転軸の向きを保とうとする性質があります。また、回転軸の向きを変えようとする外力が加わると外力と直角の方向に回転軸が動きます。その2つの性質を**ジャイロ効果**といい、こまもジャイロ効果の一例です。こまを回転させると、こまの軸が特定の方向を向いたまま保たれ、その方向を変えようとしない性質がジャイロ効果に該当します。こまが回転することで、その回転軸を維持しようとするため、特定の方向に向いたまま保つことができます。

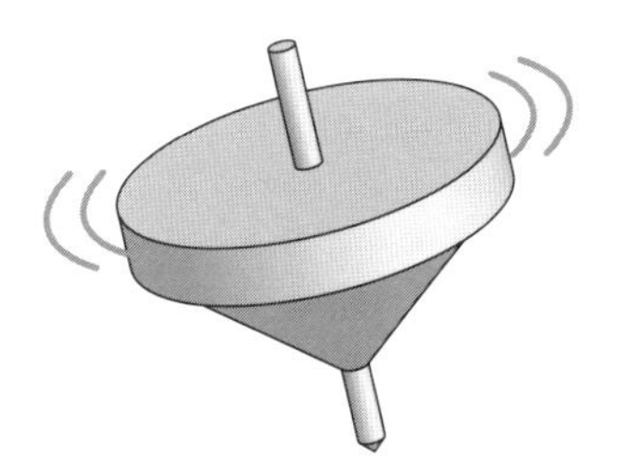

▲ ジャイロ効果の例（こま）

ジャイロ効果では、角速度を与えれば外力も発生することになるため、その**外力を検出すれば、角速度を得る**ことができます。

ほかにも、ジャイロ効果を利用したものとして、ジャイロスコープがあります。ジャイロスコープの内部には、高速で回転するディスクやホイールが含まれており、この回転体がジャイロ効果を発生させます。ジャイロスコープは、航空機の航法装置、船舶の安定化システム、スマートフォンの方向感知、ビデオゲームのコントローラーなど、多岐にわたる分野での正確な位置や方向の測定に役立てられています。

Chapter

4 センサで距離を測る・物体を認識する

前のChapter 3では、センサによって位置を把握する、物体の動きを測定するということを説明してきました。しかし、まだまだセンサは多くの場面で使われています。**Chapter 4**では、物体を認識し距離を測るセンサについて説明します。

29 人が聞き取れない超音波

超音波とは

超音波とは何でしょうか。**超音波**は、空気分子などを媒体とした、音波の一種です。一般的に、人の聴覚器官は、20 Hz～20 kHzの周波数の音波のみを知覚でき、音として聞きと

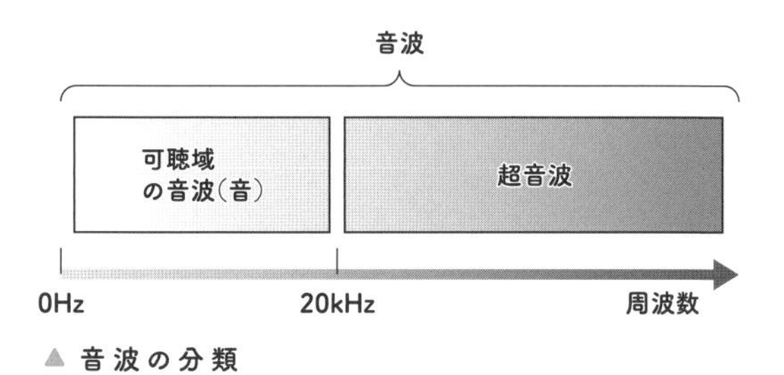

▲ 音波の分類

れます。この20kHz(可聴域)を超える振動の波を超音波と呼びます。**音波(音)も超音波も振動であるため**、空気などが必要になり真空中では伝わりません。

超音波を利用しているのは、人間だけではなく、コウモリやイルカといった動物も利用しています。コウモリやイルカは、超音波を自ら発することができ、発した超音波の反射を利用して、周囲の環境を把握しています。

このような超音波も、センサとして使われており、距離を測ったり、物体を認識したりするのに使われています。

センサとして使う超音波

次に超音波がセンサとして使える理由を考えてみましょう。超音波は音波の一種で、物体に衝突すると反射するという性質があります。発した超音波が物体から反射して戻ってくるまでの時間がわかれば、その物体までの距離がわかることになります。しかし、これは音波(音)や電波も同じです。それでは、なぜ超音波もセンサに使われるのでしょうか。それは、**超音波は音波や電波とは異なり、空気中よりも水や金属などで強い伝播力(でんぱりょく)を発揮する**からです。そのため、胎児の様子をみるための超音波診断(㉚参照)や土木建築などの内部のキズを検査する非破壊検査(㉚参照)、漁船などで使われる魚群探知(㉛参照)を実現しています。

▼ 音波、超音波を伝える媒体

	真空	気体	水	金属
音　波	×	○	◎	○
超音波	×	△	◎	◎
電　波	◎	◎	△	×

超音波で胎児の画像を生成できる！

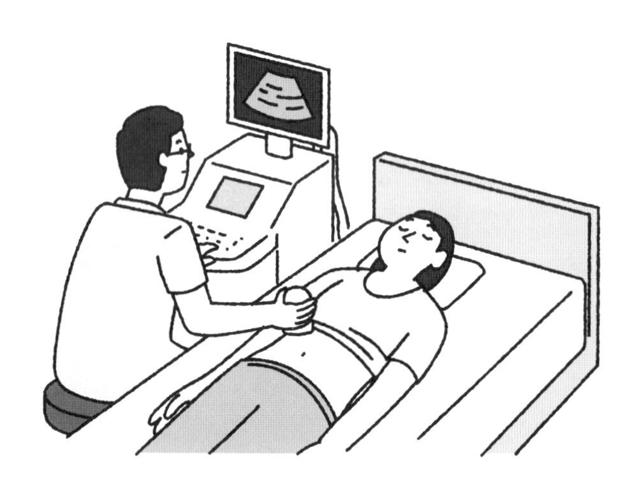

胎児の超音波画像

超音波の反射を利用した超音波検査を前節㉙で説明しましたが、身近な例として、妊婦に対して行う**超音波診断**があります。

胎児の超音波画像は、身体の組織ごとに超音波の通りやすさ（**音響インピーダンス**）が異なることを利用し、妊婦の子宮中にいる胎児の画像を生成する画像技術です。胎児の超音波画像によって、胎児の成長や発達などの妊娠経過を知ることができます。

非破壊検査

次は、**非破壊検査**で利用される超音波についてみてみましょう。非破壊検査では文字通り、対象物の内部の状況を、分解などせずに検出することができます。

たとえば、図のように、ある金属板の内部に欠損(キズ)があったとします。超音波を発する機械(トランデューサ)から発せられた超音波は、金属板の反対側の界面で反射が起き、戻ってきます。図の1のパルスは超音波の送信波で、2のパルスは反射波に相当します。左側のように、異常がない箇所は、1と2の同じパルスが検出されますが、右側のように欠損(キズ)があると、まずその欠損部から**反射波**が戻り、遅れて金属板の界面の反射波が戻ってきます。このように、**破壊せずとも、超音波を使うことで対象物の欠陥や異常を調べることができます**。

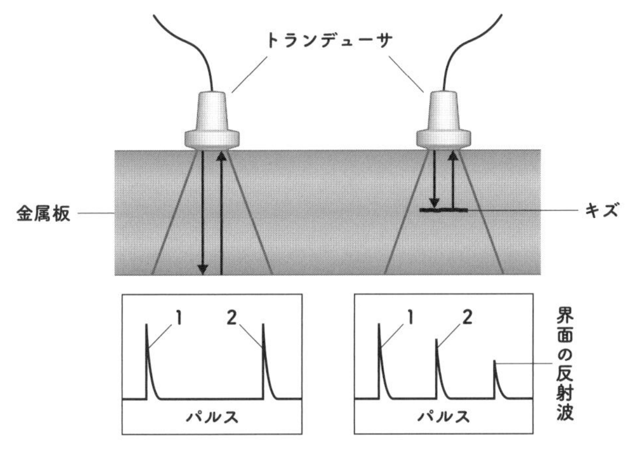

▲ 非破壊検査

超音波を使ったトンネルの非破壊検査は、コンクリートでできたトンネルの健全性や耐久性を評価するために広く利用されています。超音波がコンクリート内を通過する際の反射や屈折を分析することで、クラック(割れ目)、空洞、その他の構造的欠陥を特定できます。こうした検査は、トンネルやその他の構造物の安全性を確保し、必要な修復作業を特定するのに役立ちます。

ソナーで魚の居場所を把握する!

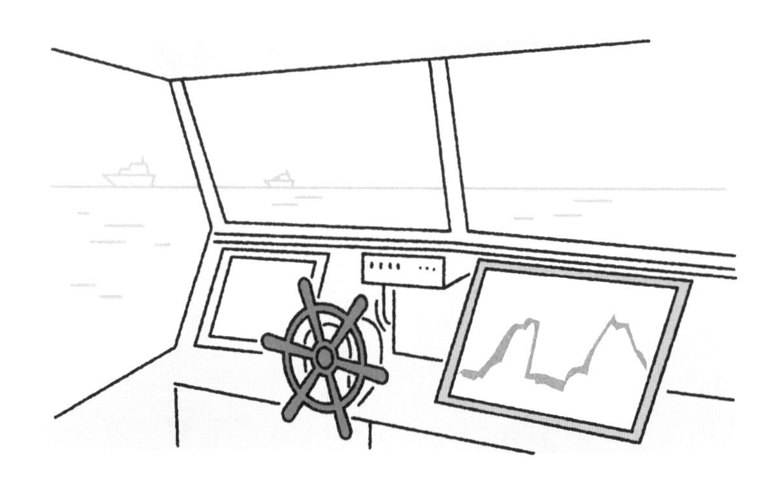

ソナーとは

ソナー(sonar)とは、センサから音波を発射し、反射した音波を検出・分析することです。たとえば、水中の物体の距離と方向を検出し、魚群を探知できる装置があります。**ソナー**という用語は、英語の"sound navigation ranging"に由来します。

ソナーセンサ

ソナーセンサには、アクティブソナーシステムとパッシブソナーシステムの2つに分類できます。

(1) アクティブソナーシステム

active(アクティブ)とは自らが積極的に動くという意味です。文字通り、センサが測定したい物体へ**音波**を発信して、物体からの反響音を受信し、測定対象について検出するのがアクティブソナーシステムです。発信した音波は全体に広がり、測定対象の物体によって反射します。そして、受信機がその**反射信号を分析し、測定対象の範囲、方位、相対運動を検出**します。例として、潜水艦や船舶などの位置の特定や、魚群探知機などに使用されます。他にも、海底の深さの測深・マッピング、航空機の飛行を手助けするドップラーナビゲーションがあります。

(2) パッシブソナーシステム

passive（パッシブ）とは、積極的には動かない（消極的、受動的）という意味です。測定対象に音波を発信することはせず、**測定対象（船、潜水艦、魚雷など）から出される雑音などの音をセンサで検出する**のがパッシブシステムです。パッシブソナーで検出された音の波形からは、方向や距離だけでなく、測定対象の特性も識別します。例として、ダイバーの音響位置特定や音響誘導魚雷などがあります。

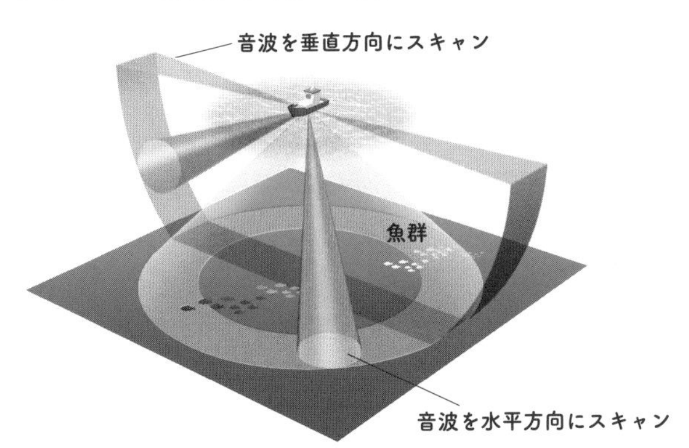

▲ 漁船による魚群探索

アクティブソナーは、リアルタイムで正確な検出能力が必要な場合に適していますが、多くのエネルギーを消費します。パッシブソナーは、隠密性を保ちつつ環境に優しい方法で周囲の音を検知する場合に適していますが、その能力には限界があります。使用目的や状況に応じて、これらの技術の選択は重要になります。

32 未来の自動運転にLiDARが一翼を担う！

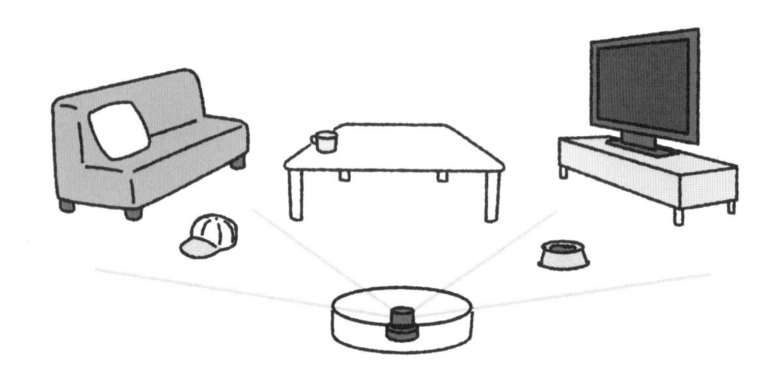

LiDARとは

LiDAR（ライダー）（Light Detection And Ranging）とは、人の目に支障のないレーザビームを使ったセンサで、**計測対象の環境を三次元（3D）で表現する**センサです。**レーダが電波を使うのに対して、LiDARはレーザ光**を使います。自動車、インフラ関連、ロボット工学、トラック、ドローン、産業、マッピングなど、多くの業界で使用されています。

LiDARの原理

LiDARは周囲の状況をどのように測定しているのでしょうか。まず、レーザ光を測定対象に入射します。次に、測定対象に当たって跳ね返ってきた反射光を、センサで検出します。そして、レーザ光をセンサが検知するまでにかかった時間から、距離を計算します。

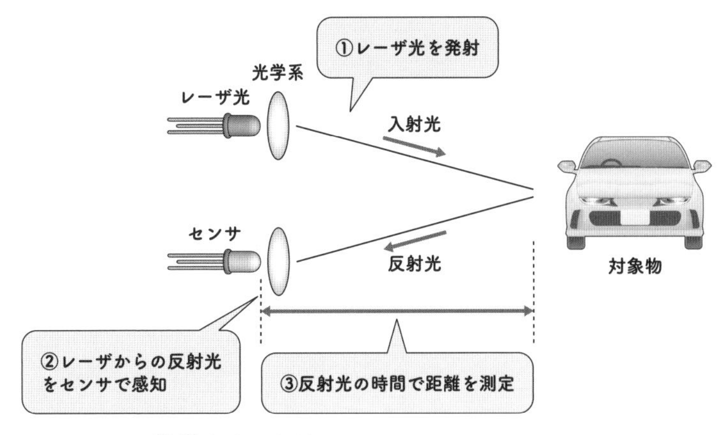

▲ LiDARの計測（1点の計測）

しかし、これだけでは、1つの点までの距離しか測れません。そこで、LiDARは精度の高い測定を行えることから、レーザ光を上下左右に回転させることで、LiDARを中心とした周囲の性質や形状といった3次元の情報を読み取ることができます。LiDARでは、このプロセスを1秒間に数百万回繰り返すことができるので、**リアルタイムの3Dマップの作成が可能**になります。

LiDARの役割

実はLiDARは、地形・気象を観測するために、すでに1960年代から使われてきました。さらに近年では低価格化が進んだことで、一部の自動運転用の車に搭載されています。**自動運転技術**の多くは、長距離の物体を認識するのに優れているミリ波レーダを採用しています。LiDARは、近距離の物体を高精度に認識することに優れているため、ミリ波レーダとの併用が期待されています。自動運転においては、周りの自動車や歩行者、建物や障害物など、リアルタイムに周囲の状況を把握する必要があります。安全性が確保されている自動運転の実現にはLiDARのような技術は欠かせません。

コラム｜3　超音波と音楽

㉙でも述べたように、超音波は人の耳では感知できない周波数領域の空気振動とされています。長い間、人は可聴域とされる20kHzまでの音しか聞き取れないとされ、それを前提にした規格（サンプリング周波数：44.1kHz）で音楽CDや音楽データ（mp3など）が設計されてきました。

ところが、近年の研究では、20kHzを超える超音波を聴覚として捉えることができなくても、脳に影響を与えていることがわかりました。それは、**ハイパーソニック効果**といわれ、人間の基幹脳（中脳・視床・視床下部など）を活性化させ、より音楽を魅力的に感じるというものです。そして、このハイパーソニック効果を生かした、ハイレゾ（ハイレゾリューション）音源が登場しました。

ハイレゾ音源では、**従来よりも高いサンプリング周波数**（96kHzや192kHz）**でデジタル化**しているため、CDやmp3などには含まれない超音波領域の音源も再現することができ、より原音に近い音を出力できるようになりました。ハイレゾ音源を聴くためには、専用のヘッドフォンやスピーカーが必要となることや、音源のデータ量（ファイルサイズ）が大きくなることなどに注意が必要です。

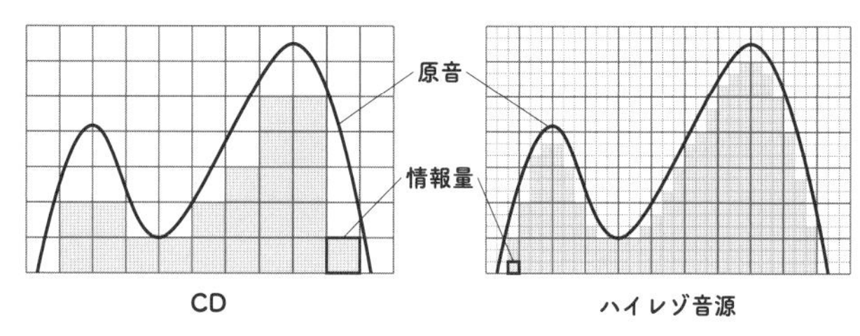

▲ 情報量の比較

Chapter

5 センサでIDを認識する

ここまで説明してきたセンサの利用例は、イメージがつきにくいものがあったかもしれません。**Chapter 5**では、多くの人が目にしたことがある、身近なものを例に挙げて説明します。

33 縞模様で情報を表現するバーコード

バーコードとは

我々の生活に馴染みのある、**バーコード**の読み取りにもセンサは使われています。バーコードは、バー(棒)と空白を組み合わせたコードであり、黒(バー)と白(空白)を縦に並べた縞模様で情報を表現しています。この縞模様のバーコードを光学スキャナで読み取ることで、バーコードに記録されている情報を得ことができます。

バーコードから読み取れる情報

バーコードから記録されている情報を読み取れる原理をみてみましょう。スキャンヘッドなどのバーコードリーダで、LEDまたは**レーザ光**をバーコードに照らします。バーコードを照らした光は反射して、スキャンヘッドに搭載されているセンサが**反射光**を受け取ります。バーコードの空白部分は光の反射が強いのに対して、黒いバーの部分は反射が弱くなります。**光の反射の強弱で、センサはバーコードから読み取ったオンオフのパターンを生成**します。したがって、図に示されているコード(「黒白黒白黒白黒黒」)の場合、セルは「オフオンオフオンオフオンオフオフ」となります。スキャナに接続された電子回路は、これらのオンオフパルスを**A/D変換**(⑬参照)して、2つの数字(0と1)にします。そして、2つの数字はコンピュータに送信され、スキャナはコードを10101011として検出します。

このような流れで、我々の日常にあふれている縞模様のバーコードから情報が読み取れます。

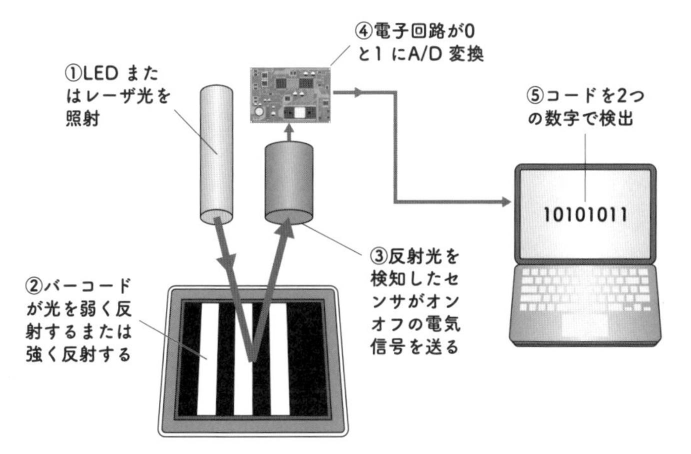

▲ バーコードの情報を処理する流れ

以上で説明したように、バーコードの縞模様は、0と1で並んだ数字に変換できるため、会計時のレジや商品の在庫管理、配達業務などさまざまなものに使われています。IDで管理できるものであれば、あらゆることに応用できます。

34 どこでも見かけるQRコードTMは日本発祥！

QRコードとは

QRコードは、電子決済やインターネットの**URL**の読み取りなどで、日本のみならず全世界で使われていますが、実は日本のデンソーウェーブで発明されたものです（登録商標となっています）。**QRコード**は、バーコードのような専用のスキャナは不要で、スマートフォンに搭載されている**カメラ**で読み取れることから、世界中で普及しています。また、バーコード（一次元コード）が縞模様に横方向のみで情報を記録しているのに対して、**QRコードは、縦と横方向に情報を記録**していることから、二次元コードに分類されています。

QRコードの構成

「QR」は、Quick Response(クイック レスポンス)の略です。クイックとあるように、バーコードと同様に、高速で情報を読み取ります。QRコードが持つ多くの情報量(バーコードの約200倍)を高速かつ正確にその情報を処理するために重要なのが、QRコードを構成する各要素です。図を参考に、QRコードの要素の役割をみてみましょう。

▲ QRコードの構成要素

①セル：**白黒で、0と1の情報を表す**。

②切り出しシンボル：ファインダパターンともいう三隅にある四角形。これにより、たとえ回転している状態であっても、QRコードであると認識することが可能となる。

③タイミングパターン：白黒交互のパターン。これにより、QRコードの座標を特定することができる。

④アライメントパターン：斜めから写した時の補正に用いられる。これにより、QRコードにゆがみがあっても読み取ることが可能になる。

⑤フォーマット情報：切り出しシンボルの近くにある。誤り訂正のレベルを決める。QRコードが汚れていたり、破損していたりしても、データの読み取りを可能とする。

⑥クワイエットゾーン：QRコードを正常に読み取るために必要な空白スペース。

セルフレジでも、改札でも、大活躍のRFID

RFIDとは

RFID(Radio Frequency Identification)とは、バーコードやQRコードと同様、非接触で情報を読み取る技術です。バーコードやQRコードとの違いは、電波を用いる点です。電波を用いるため、読み取りの際に**電波が届く範囲であれば、障害物などがあっても近くに寄せるだけで、読み取れる**という特徴があります。

RFIDの仕組み

RFIDを利用した技術では、情報が記録されているRFIDタグと、そのタグから情報を読み取るリーダーが使われます。RFIDタグは、情報が記録されているIC(集積回路)と、無線通信を行うためのアンテナで構成され、シールラベルやプラスチック素材で加工されています。

さらにRFIDタグは、電源を必要としない**パッシブタグ**と、電源を必要とするアクティブタグに分類されます。パッシブタグは、図にあるように、RFIDリーダより送られてきた電波から**電磁誘導**で起動し、発電します。これにより、一時的に電源を生成し、情報をRFIDリーダへ送り返すことができます。その一方、近接距離でしか動作しないという制約もあります。パッシブタグに対して、アクティブタグでは、数mの距離があっても情報を送ることが可能です。

一般的には、コンパクトなサイズにできること、より安価であることから、パッシブタグが広く使用されています。

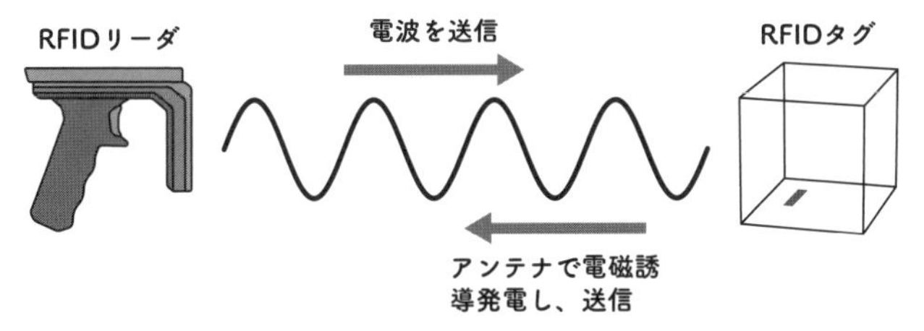

▲ パッシブタグ（電磁誘導方式）の原理

RFIDの活用

日常生活で活用されているRFIDの技術は、たとえば、**交通系ICカード**や、衣料品を扱う店舗の**セルフレジ**です。それ以外にも従業員証や学生証など身分証明にも使われています。今ではRFIDは、小売業、物流、公共交通機関、空港を始め、多くの産業で使われています。RFIDは、近年ですごく身近な存在となった技術の1つといえます。

コラム 4 RFIDで偽造防止！

本来、ID（identification）は識別するための文字などを意味しますが、英語での会話においては、IDは「身分証明書」という意味で使われることが多くあります。パスポートは世界で通用する身分証明書であることから、海外のホテルでチェックインする時の本人確認として、“Your ID?”とパスポートの提示を求められることがあります。

また、旅行客がバーやレストランでお酒を飲む際、飲酒可能な年齢かどうかを証明するためにパスポートを提示することがあります。このように、旅行で海外を訪れた際には、パスポートが身分証明書となります。

そんなパスポートですが、第二次世界大戦中、連合国のスパイがパスポートを精巧に偽造して、ヨーロッパで活動したということがありました。このように、パスポートの偽造が繰り返されてきたことから、近年は、ICパスポートの導入が進んでいます。日本では2006年から**RFIDが内蔵されたICパスポートが発行**されており、パスポートを所持する人の国籍、氏名、生年月日などの身分事項と顔写真の情報などが記録されています。ICパスポートは、偽造防止だけでなく、入出国審査の迅速化などのさまざまなメリットがあります。

身分証明をするものにおいて、ICカード化されているのはパスポートだけではありません。我々の身近にあるマイナンバーカードにもRFIDが内蔵され、ICカード化されています。パスポートは空港の専用のリーダで読み取る必要がありますが、マイナンバーカードはスマートフォンに搭載されているリーダでも読み取れるため、身分証明をする手続きなどをスムーズに行うことができます。

Chapter

6 センサで生体信号を測る

Chapter 6では、人から発せられる生体信号を検知するセンサについて説明します。生体情報がわかることで、健康状態や精神状態がわかります。センサが実現できることって、本当に多種多様なんです。

36 脳波は身体を動かすための電気信号！

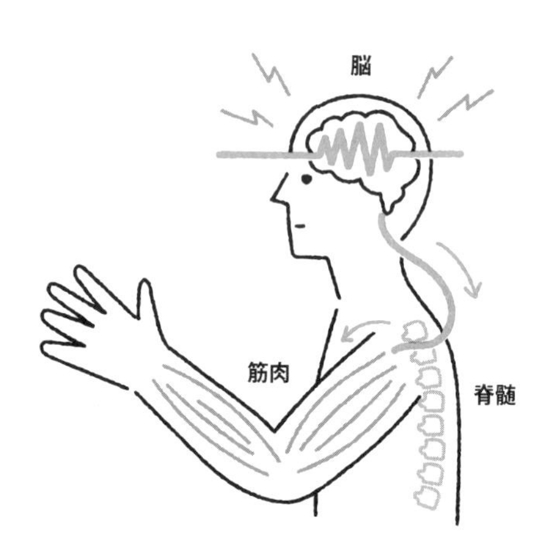

脳波

私たち人間の思考や感情、行動の根底には、脳内にある神経細胞の活動があります。その神経細胞が活動することで発生する、波のような電気信号を**脳波**といいます。脳波は生体信号の1つです。脳から出された「手を動かす」、「足を動かす」という命令が脊髄を通して**電気信号**として出され、そして筋肉が動きます。

脳波は、電気信号ということからも、その電気信号をセンサで検出し、脳波を読み取ることで、医療分野などに活用できます。たとえば、睡眠障害などの診断で使われています。

脳波の周波数

脳波はどのように活用されているのでしょうか。**脳波はさまざまな周波数帯に分かれ、ベータ波やアルファ波など、名前が付けられています**。何をしているか、どのような精神状態かで、脳波の周波数帯が変わります。集中状態や活発な思考の状態にあると、ベータ波が検出されます。ベータ波が覚醒を表すのに対し、アルファ波は非覚醒を表します。何か作業が終わり、一息ついて休んでいる場合などは、多くの場合でアルファ波が検出されます。屋外で走る人や高速道路を頻繁に運転する人には、シータ波が多くみられます。シータ波は、通常、眠い時などに検出されます。最後に、脳が休息状態の時に検出されるデルタ波があります。夢をみない深い眠りの時などに顕著にみられます。

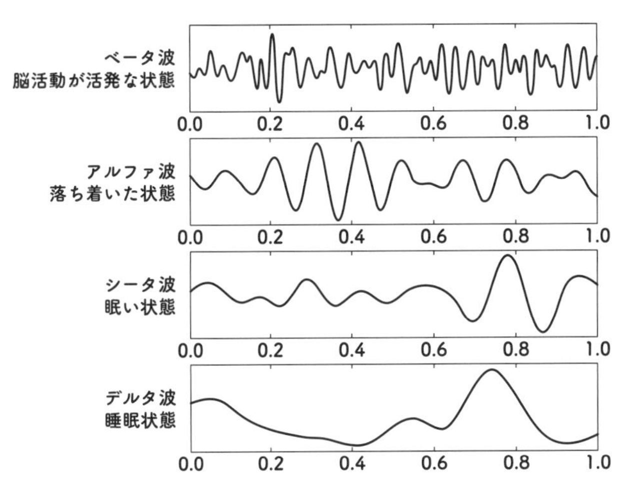

▲脳波の周波数の種類

繰り返しになりますが、図のように、**周波数が違う脳波を検出できる**ことから、医療分野などでも活用されています。そこで用いられているのが、**脳波計**（㊲参照）です。これが脳波を検出するセンサとなります。

6 センサで生体信号を測る

37 思うことで、脳と機器とが連動する

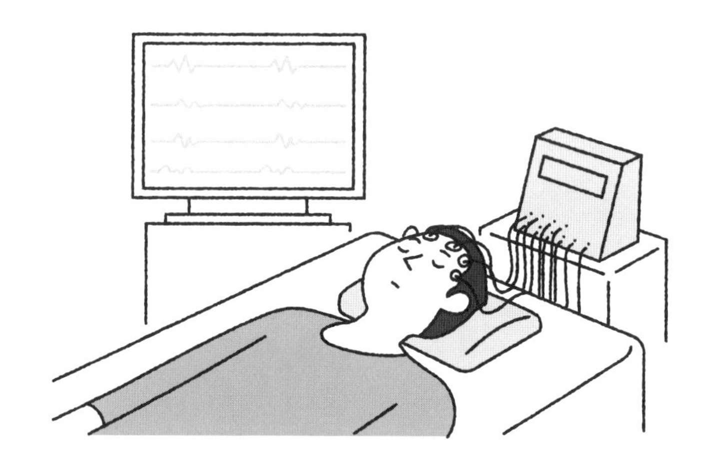

EEG

脳波を読み取るセンサとして電極を使用している**脳波計**（EEG：electroencephalograph）は、脳に関わる疾病の診断に使われるほか、心理学の研究にも使われています。**活動状態や精神状態によって、周波数が異なる**ことから、心の状態とも大きく関係していることがわかっています。穏やかな精神状態である人は、落ち着いた脳波（周波数）であり、活発な精神状態である人は、大きく動きのある脳波になります。精神的な症状が出ている時、脳波検査で異常がみつかることもあります。脳波計は、脳に関係する病気の診断に役立つことはもちろん、脳活動の変化をみつけることで、心に関係する病気の診断にも役立ちます。

そんな脳波計ですが、近年、**BMI**の研究が進んできて、脳波だけで機器を操作できる可能性があるといわれています。

BMI

BMI(Brain Machine Interface)とは、脳と機器を連動させる新たな技術のことです。現在は、手が麻痺している人のリハビリなどに使われています。脳波センサが**電気信号**を検知、そして、その電気信号を処理・変換することで、機器を動かすというものです。たとえば、手が麻痺している人が頭に電極(脳波センサ)を装着しているとします。その人が「手を動かそう」と思うことで脳から信号が出されます。それをBMIが読み取り、手に装着した連動している機器が読み取ることで動くというものです。

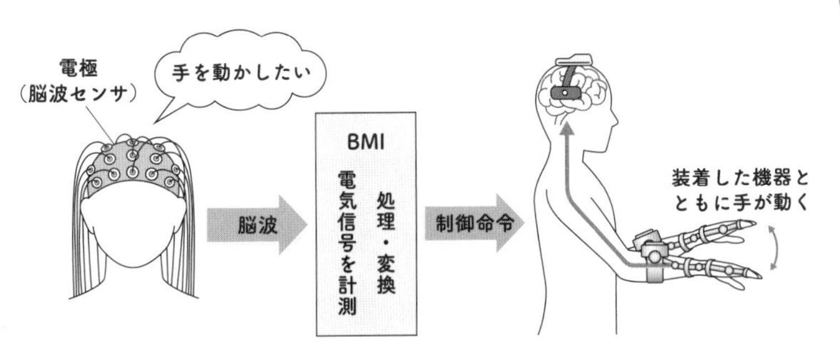

▲ BMIの仕組み

このBMIは、センサをはじめ、いろいろな技術を応用したものです。医療分野で使われるだけでなく、学習効率を高めることに活用されるなど、教育分野でも欠かせない技術になっていくかもしれません。**人から発せられる生体信号をも検知できる脳波計(脳波センサ)**は、重要な役割を果たしています。BMIはまだ研究開発の段階にあり、完全な実用化には技術的、倫理的課題が存在します。しかし、特定の医療用途では実用化が進んでおり、今後、広範囲での応用が期待されています。

筋肉を収縮させると電気信号が発生？

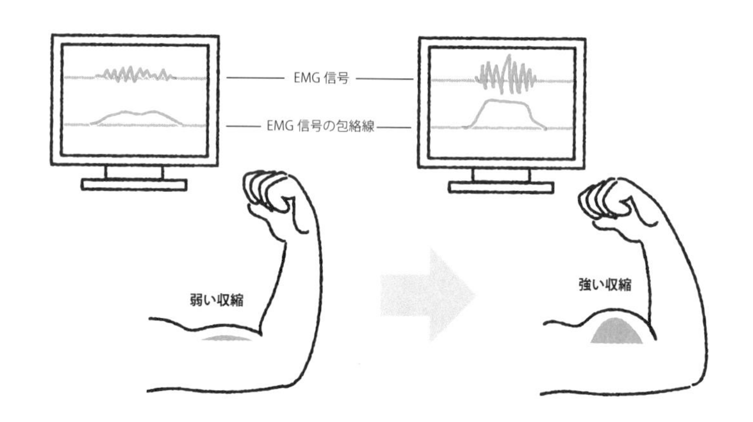

EMG

神経や**筋肉**の電気信号を検知するセンサに、**筋電計**(EMG：electromyograph)があります。たとえば、力こぶを作るなど、筋肉を収縮させることで、電気信号が発生します。皮膚の表面に電極(センサ)を接触させることで、その筋電信号を計測できます。この計測を表面筋電図といい、この計測方法が、一般的になっています。

表面筋電図

表面筋電図は、筋電計の計測値をグラフの形で表したものです。電極を心臓付近に貼り付ければ、簡易的な心電計(ECG 参照 40)

を計測することもできます。医療機関では、健康診断の時など、筋電図を使って神経や筋肉の機能を調べることがあります。また、表面筋電図はスポーツ医学においても、身体の動かし方などの分析に使われています。**ウェアラブル**技術の進化により、表面筋電図は、より身近になりました。これにより、運動する際、身体の動かし方や動かすべき筋肉がわかるようになります。

さらに近年、リストバンド型ウェアラブル端末に搭載された表面筋電図を活用し、ジェスチャーを認識することが可能となりつつあります。日常生活やAR/VR(拡張・仮想現実)への活用が期待されています。

表面筋電図の応用例

人が手の指を使っていろいろなポーズをするとします。このように指を動かすには、指につながる腕の筋肉を使うことになりますが、ポーズによって筋肉の部位が変わってきます。たとえば、親指を伸ばしたり縮めたりするときには、長母指伸筋という筋肉を使い、人差し指(第二指)から小指を伸び縮みさせるときには、示指伸筋という筋肉を使います。つまり、**筋電信号とポーズとの間に、ある程度の関係性を見出す**ことができます。筋電信号からポーズを推測することができ、これにより、AR/VR機器の制御信号とすることが可能となります。

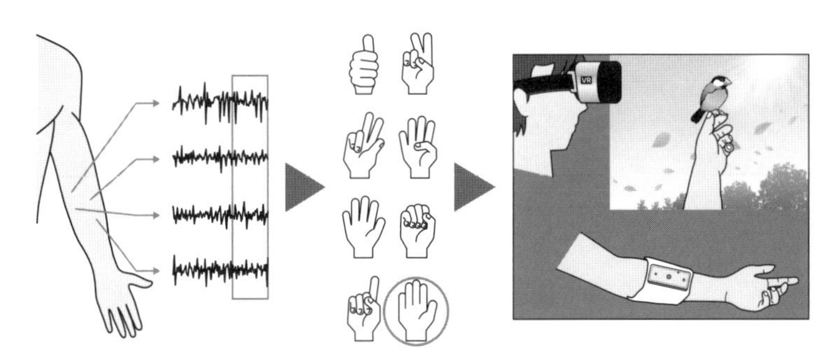

▲ 表面筋電図の応用例

39 心拍変動を読み取り、精神状態を推定

心拍変動

人は、運動している時やストレスを感じた状態になると、安静にしている時よりも、心拍数が上がります。また、安静にしている状態でも、息を吸うと心拍数は上がり、息を吐くと心拍数が下がるので、心拍数は一定ではありません。㊱や㊲では、脳波で精神状態がわかると説明しましたが、心拍数の変動（心拍変動）からも精神状態はわかります。この心拍変動も脳波と同様、センサで計測できます。

心拍変動と精神状態

心拍変動と精神状態の関係を深掘りしてみます。

心拍変動を解析することで、人の精神と大きく関係している「**自**

律神経系」が、どの程度活動しているかわかります。自律神経系は主に、交感神経と副交感神経で構成されています。感情が高ぶる状況では、交感神経の活動が増えます。逆に、リラックスしている状況では、副交感神経の活動が増えます。このように、自律神経系の活動は精神状態を反映していることから、**心拍変動の解析は、日常生活におけるストレスや集中度合い、感情などの推定に活用**されています。

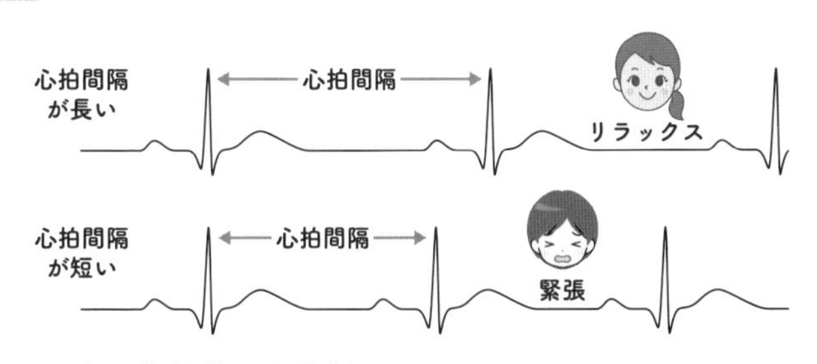

▲ 表面筋電図の応用例

また、スマートウォッチのような**ウェアラブル端末**（②参照）に搭載されている心拍計測装置の多くは、かなり短い時間内で検知した心拍数を数えているので、心拍変動を正確にとらえることはできません。

心拍変動の応用例

心拍変動は、心拍数がどれくらい変動するかを測定する指標です。「心拍変動が高い」=「心臓の動きが不規則」であり、自律神経系が柔軟に調整されている（身体がリラックスしている）ことを意味します。

このように、心拍変動は自律神経系の動きに連動しているため、健康関連分野で応用されています。ストレスの増減やストレスの変化をモニタリングしたり、スポーツ選手やフィットネス愛好家は、心拍変動を使用してトレーニング効果をモニタリングし、過度なトレーニングや適切な回復のタイミングを把握することに活用しています。

心電計　生体信号　心拍数

40 心電図で心臓からの電気信号を読み取る

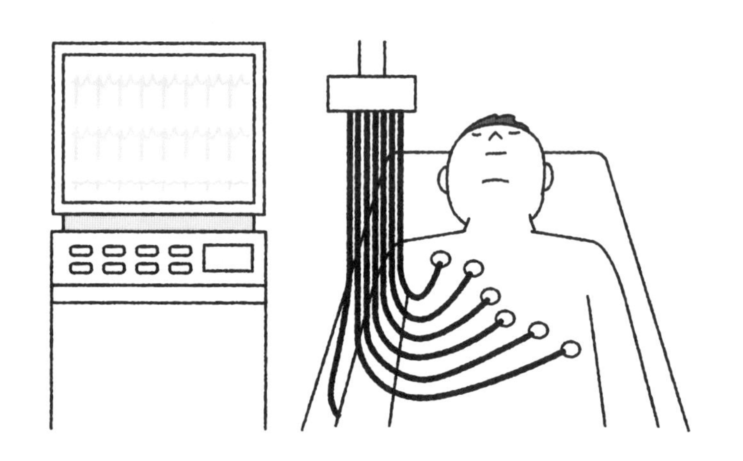

ECG

心臓から発せられる電気信号を、身体に貼り付けた電極（センサ）で測定し、波形として記録するものを**心電計**（ECG：electrocardiograph）といいます。心臓は、一定のリズムで心筋を収縮させることで、ポンプの役割を果たし、全身に血液を送り届けています。また、心筋を動かすことで電気信号が心房から心室へと順番に流れるようになっています。心電計はその**電気信号が心房や心室に伝わることを検知して、波形を記録**します。それによって、心筋の動きに乱れがないか、心臓は正常に動いているか知ることができます。心臓で確認できる**生体信号**をセンサで検知することで、心疾患の診断や治療に役立てています。

電気信号のパターン

心筋や心室に伝わる電気信号には、図のようなパターンがあります。

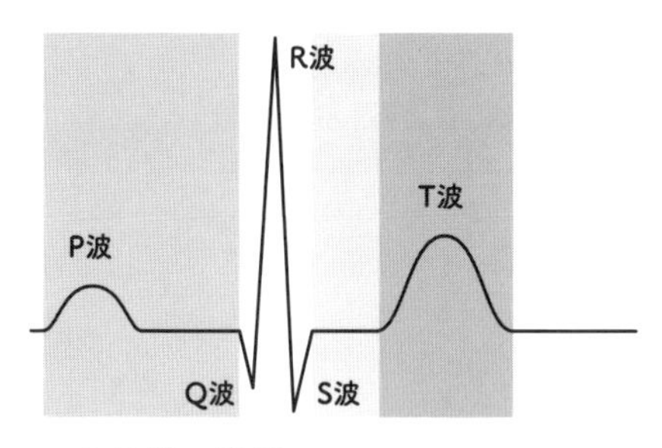

▲ 心電図の波形

まず心房の**電気的興奮**(**電気信号の上昇**)を示すP波が表されます。続いて、心室の電気的興奮を示している、QRS群が表されます。これは、Q波、R波、S波の3つの波が含まれています。最後に、心室の電気的興奮が冷めることを示すT波が表されます。このうちのR波は心拍を表しており、1分間で測定されるR波の数が、**心拍数**となります。つまり、このR波の間隔が、心拍の間隔になります。心拍間隔の周期的な変動が、㊴でも紹介した心拍変動です。つまり、このR波が、精神状態を推定するための生体信号なのです。

自動で心電図を解析

AED(自動体外式除細動器)は、心室細動(心臓がけいれんし、全身に血液を送ることができない状態)による心停止の人を電気ショックによって救命する医療機器です。まず、胸の上に貼った**パッド**(**センサ**)**によって心電図のR波を解析**し、電気ショックが必要な場合は、自動で充電を開始します(心電図の解析と充電を10秒以内に行うことができます)。

センサがあれば血管内部の状況だってわかる!

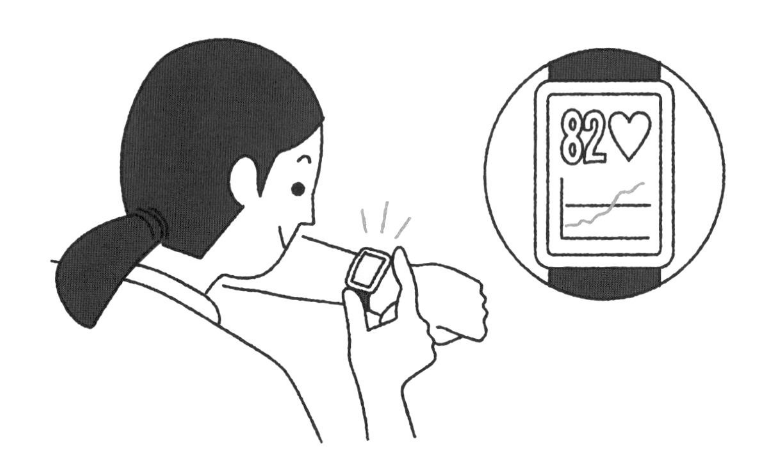

脈波センサ

脈波センサとは、心臓から血液が送り出されることで発生する、血管内の容積の変化を検知して、波形として記録するセンサです。**脈波**を測定する方法として、一番普及している方法は、**光電式容積脈波記録法**(PPG：Photoplethysmography)です。PPGは、**光を照射し、反射や透過する光の量を計測する**ことで、血管内を計測しています。

PPGの計測原理は図のように反射型と透過型があり、医療現場でよく用いられている、パルスオキシメーターは透過型の測定器です。

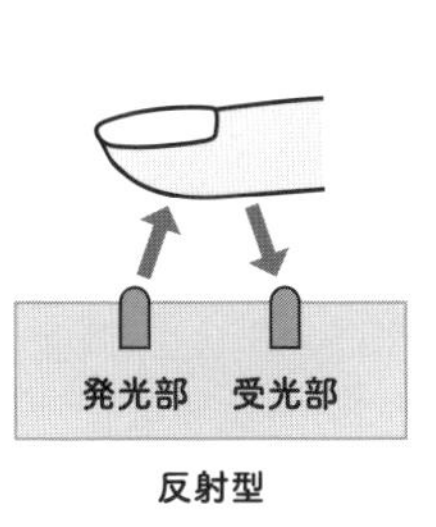

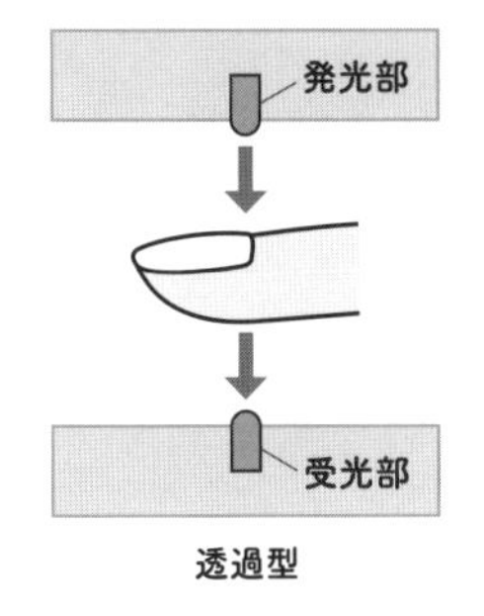

▲PPGの測定方法

血管をモニタリング

脈波センサは、脈拍数の計測だけでなく、解析することで、血圧や睡眠状態、血管の健康状態などをモニタリングでき、急性心筋梗塞といった**突発的な病気の把握に有用なセンサ**です。

血液は心臓から送り出されているので、1分間の脈拍数は1分間の心拍数と同じになります。脈拍のリズムも基本的には心臓と同じですが、呼吸や血圧の影響で変わることがあり、そのため、脈拍の間隔は、心拍の間隔と完全には一致しないことになります。ただ、**心拍の間隔と脈拍の間隔は一致しないものの、脈拍の変動もまた精神状態を表しています**。

血管年齢

脈波は、血管年齢を評価することにも使えます。血管年齢は、血管の硬化や弾力性の低下など、血管の老化に伴う変化を加味した血管の健康状態を示す指標の1つで、血管がどの程度若いかを評価するものです。血管が硬くなるほど、脈波はより速く血管を通過します。これは、硬くなった血管が拡張と収縮を行う際に柔軟性が低下し、圧力波がより速く伝わるためです。その結果、脈波速度の値が大きくなります。逆に、血管が柔軟な場合、圧力波はゆっくりと伝わり、脈波速度は低くなります。このように、脈波速度は心血管疾患の予防や管理に役立てられています。

42 非接触の体温測定、カギは赤外線

非接触体温計

感染症の広がりと同時に、非接触タイプの体温計が浸透しました。この非接触体温計は、**赤外線**を使うことで体温を測定しています。原理はすごく単純です。

実は、人間を含めたあらゆる物体からは赤外線が放出されています。赤外線を使った非接触体温計は、**物体から放出される赤外線と周囲の環境との差を用いることで、物体自体の表面温度を測定**しています。測定対象から赤外線で入ってくる光を集束させ、その光をセンサ(**サーモパイル**)に送り込むことによって、赤外線体温計が機能します。**赤外線が熱に変換され、その熱が電気に変換される**ことで、サーモパイル内で測定されます。温度計に表示される測定値は、赤外線から生成された電気によって表示されます。非接触体温計は、肌に直接触れないので衛生的です。また、温度測定値が数秒で表示されるので大人数の検温が可能といったメリットがあることから、さまざまな場面で使われています。しかしながら、皮膚の温度を測定していることから、外気温や身体の状況(運動後や緊張時など)の影響を受けやすいので、一般的なわき下体温計よりも精度が劣ります。

産業での応用例

物体に触れずに温度を測定できる原理は体温測定だけでなく、さまざまな分野に応用されています。製鉄、化学、食品加工、製紙業などの産業で、**製品の品質や安全性を確保するためのプロセス温度の監視に使用**されています。たとえば、製鉄業では、高炉や電気炉といった溶解炉の内部温度の測定や、鋼板や鋼材を圧延する際の鋼材の温度の測定に非接触温度計が使われます。非常に高温のものに対して、**非接触だからこそ実現できる温度測定**といえます。

▲ 製鉄における非接触温度測定の例

コラム 5 パルスオキシメーターって？

パルスオキシメーターとは、体内のヘモグロビンと結合した酸素量の割合である「**血中酸素飽和濃度**」を測定する機器です。

血液中の赤血球に含まれるヘモグロビンが赤色をしているため、肉眼では血液は赤く見えます。ヘモグロビンは、酸素と結びつくと鮮やかな赤色になり、酸素が不足していると黒っぽい色になります。パルスオキシメーターは、このヘモグロビンの色の違い（光の吸収度）を測定することで、血中酸素飽和濃度を計測しています。

赤外線は酸素と結びついた酸化ヘモグロビンに吸収されやすく、逆に可視光は酸化していない通常のヘモグロビンに吸収されやすい性質があります。そこで、パルスオキシメーターでは、可視光（赤色LED）と赤外線の2種類を使うことで、酸化ヘモグロビンの多い血管とヘモグロビンの多い血管の両方をとらえることができ、測定結果の精度の向上を図っています。

㊶でも触れたPPGについても、改めて説明します。PPGは、**通常1種類の光を使ってその反射量を計測**します。パルスオキシメーターのように計測部位を挟む必要がないため、センサの構造がより簡易的になります。

また、スマートウォッチなどのウェアラブル端末では、血管の容積変化に伴う光の吸収量が多い緑色LEDが使用されます。緑色LEDの反射光は変化量が多いため、日常生活での行動による波形への影響が比較的少なくなります。

ウェアラブル端末では、動きを伴う生活の中で使われることが多く、運動の強度、装着の仕方、皮膚の状態などによって影響を受けやすいため、精度には限界があることから、医療用ではなく、健康管理の目安としての活用が想定されています。

Chapter

7 センサで環境を測る

よく考えたらどういう仕組みで、どうやって計測していたんだろう?と、Chapter 7のテーマをみればそんな疑問を持つかもしれません。ここでは環境を測るセンサにフォーカスして説明します。

空気中の水蒸気量を測定

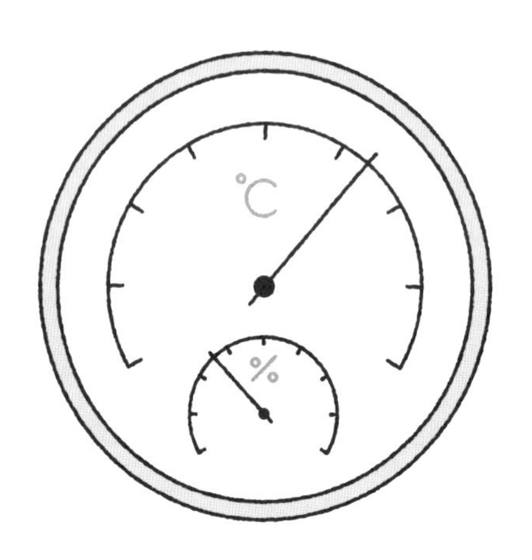

湿度センサ

日本の夏は空気中の湿度が高く、じめじめした暑さで知られています。湿度によって、快適に生活が送れるかどうか、大きく変わります。そんな空気中の湿度を計測するセンサが、**湿度計**です。湿度計が湿度を測定する原理には、大きく分けて静電容量式、抵抗式、熱式の3種類があります。

湿度センサの3つの測定原理

(1) 静電容量式

静電容量式湿度センサは、2つの電極の間に薄い金属酸化物を配置することで、相対湿度を測定することができます。空気中の相対湿度が変化することで、**金属酸化物の電気容量が変化するという性質**を利用しています。

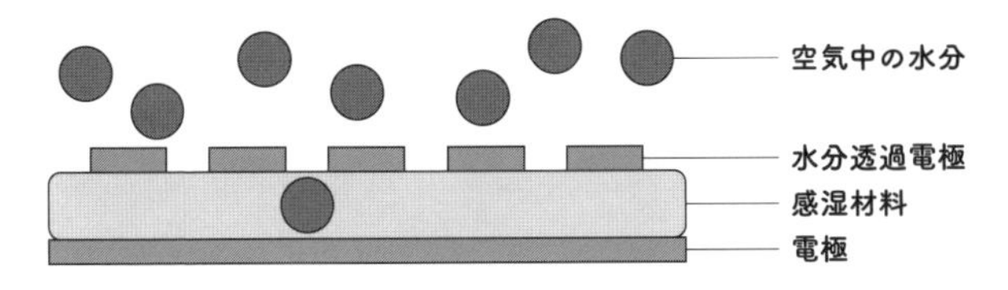

▲ 静電容量式の仕組み

(2) 抵抗式

抵抗式湿度センサは、**湿度の変化に応じて電気抵抗が変化する性質**を利用して、湿度を測定することができます。他のセンサと比べて低コストであり、一般家庭で普及している湿度計の多くに用いられています。

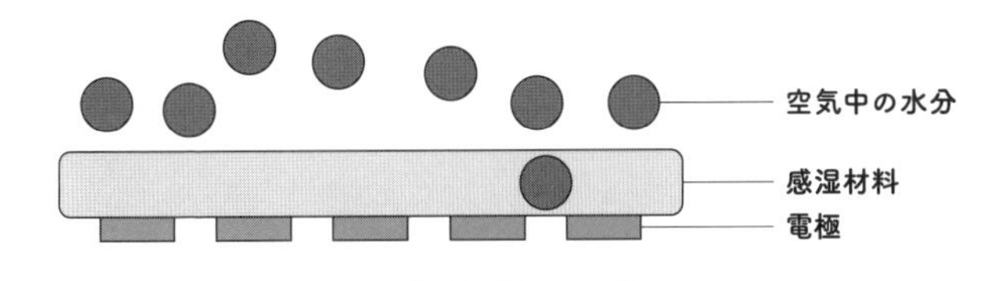

▲ 抵抗式の仕組み

(3) 熱式

熱式湿度センサは、**乾燥した空気と湿った空気の熱伝導率の差を求めることで、絶対湿度を測定**することができます。高温になる場所や腐食性のある環境で使用するのに適しています。このセンサで湿度を測定するには、1つの熱センサで周囲の空気を測定し、もう1つセンサを用いて、そのセンサを乾燥窒素で包み込み、空気を測定します。そして、採取した2つの測定値の差から湿度を測定します。

誘電特性　比誘電率　マイクロ波

土壌水分量の測定は農業に欠かせない

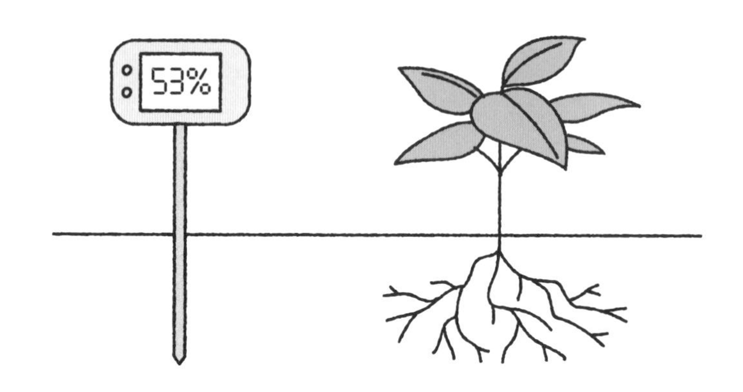

土壌水分センサ

農産物などの植物の生育には、さまざまな栄養素が必要です。植物がこれらの栄養素を十分に吸収するためには、土壌に適切な量の水分が含まれている必要があります。根を発達させ植物の成長を促すためにも、植物の温度を調整するためにも、土壌内に十分な水分がなければなりません。しかし、土壌内の水分が多すぎると土壌病原菌が増えてしまうため、土壌内の水分量は「多すぎず、少なすぎず」といった適切な量である必要があります。そこで、土壌の水分を測定するのが土壌水分センサです。

土壌水分センサは、**土壌の誘電特性を利用したセンサ**です。土壌は水・空気・土粒子で構成されています。3つのうち、水の比誘電率(80)は、空気(1)や土(3～5程度)よりも大きいため、水が土壌全体の**比誘電率**を決めることになります。

この性質に基づき、誘電率や電気抵抗などを調べる方法で、土壌内にどれくらい水分が含まれているか測定します(電極棒式)。また、測定結果と実際の土壌内の水分は、温度や土壌の種類などによって、実際の水分量と誤差が出る可能性があります。測定精度を上げるためにキャリブレーション(52 参照)する必要があります。

測定方式

電極棒式について、もう少し詳しく説明します。土壌の誘電特性を計測するための測定方式に、1970年代から使われているTDR(Time Domain Reflectometry; 時間領域反射法)というものがあります。TDRでは、土壌に挿した平行な金属棒に**マイクロ波**を照射して、金属棒の根元から先端までマイクロ波が通過するのにかかる時間を測定します。**この時間は、誘電特性に依存するので、結果として比誘電率がわかることになります。**

現在、TDR以外にも、土壌水分センサそのものから比誘電率を推測する方法など、さまざまな土壌水分センサが開発されています。

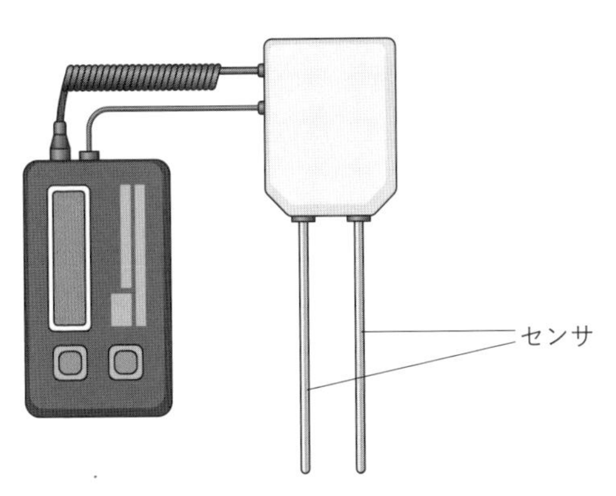

▲ 電極棒式の土壌水分センサ

45 目指すはゾウの嗅覚レベル!?

匂いセンサ

温度や湿度とは異なり、匂いには多くの種類があるため、すべての匂いを計測することは実現できていません。しかし、匂いセンサによって、特定の匂いの量の計測や、匂いの種類の判別は実現しています。空気清浄機などに搭載されている匂いセンサですが、このセンサの匂いを検知する代表的な3つの方式を紹介します。

匂いセンサの方式

(1) 半導体方式

半導体の表面に匂い分子が吸着した時に発生する表面反応に

よって、**半導体の抵抗値が変化することを利用**して匂いを検知するというものです。半導体方式のセンサは、p型半導体とn型半導体で構成され、それらをはさみこむ**電極間を流れる電流の変化を利用**します。n型半導体の表面に匂い分子が吸着すると、その匂い分子の影響で電荷キャリア(電子や正孔)の濃度が変化します。電荷キャリアの濃度が変化すると、抵抗値が変わり、電極間の電流が変化します。匂い分子の濃度が高くなると、電流の変化も大きくなります。半導体方式の匂いセンサは、環境モニタリング、食品品質の評価など多くの分野で使われています。

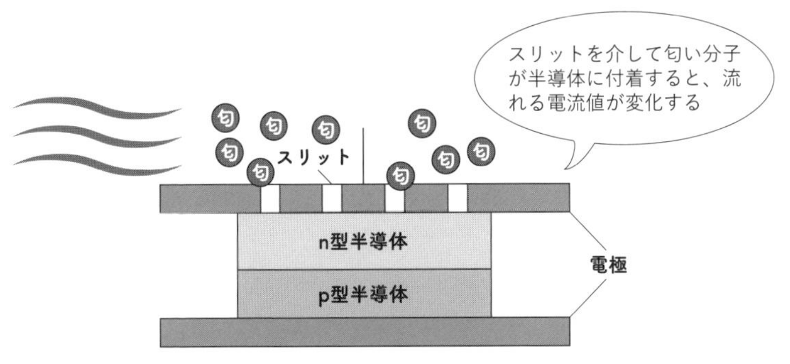

▲ 半導体方式センサ

(2) 水晶振動子方式

水晶振動子方式は、人間の嗅覚と非常によく似た原理で匂いを計測します。この方式では、センサは水晶振動子と感応膜の2層で構成されます。感応膜は人間の鼻にある匂い分子を感知する器官にあたるもので、匂い分子を吸着させることができます。匂い分子が吸着すると、感応膜の下で常時高速振動している**水晶振動子の共振周波数が低下することを利用**して、共振周波数の変化を匂い物質の量として算出します。特にアルコールやコーヒーなどの匂い物質を検出することを得意とします。

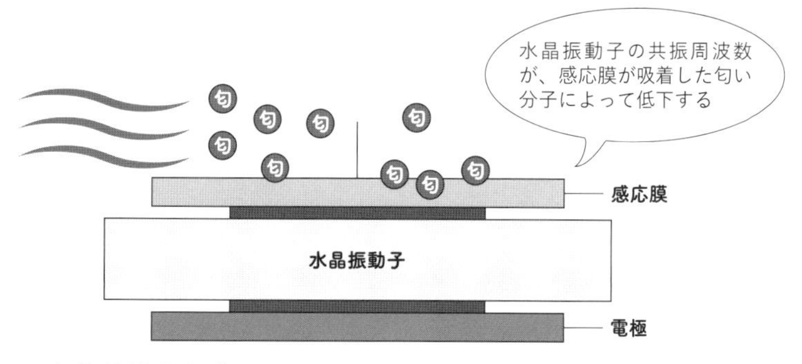

▲ 水晶振動子方式センサ

(3) ガスクロマトグラフ方式

ガスクロマトグラフという分析器を用いて、**臭気を構成する成分の濃度を分析し、匂いを数値化する方式**です。この方式は、分析する臭気の成分が特定されている場合に有効です。しかし、成分が特定されていない場合や多くの成分で構成されている匂いには適していません。この方式で測定できる物質は、気化する化合物質であること、吸着性の低い物質であることなど、いくつもの条件があり、その条件を満たした物質しか測定できません。

ゾウの嗅覚を目指す

匂いセンサは、人間の嗅覚でわからない匂いを感じ取り、数値化することで、果物の食べごろを測って出荷の目安にしたり、酒造りに使われたりもしています。酒造りにおいては、発酵を止めるタイミングは杜氏の経験(香りの感覚など)によって判断されていましたが、匂いセンサで数値化・見える化することで、杜氏の技術の継承や品質の安定などへの活用も期待されています。

他にも匂いセンサの応用として、環境汚染の監視(臭気やガスを計測)や医療診断、防災システムがあります。また、スマートフォンに装着できる匂いセンサもあり、手軽に計測することができるようになりました。人間の嗅覚では気づかない事態も匂いセンサが検知してくれます。人間の嗅覚では、およそ400種類の匂いを嗅ぎ分けられるといわれています。しかし、ゾウは人間をはるかに超える、5倍のおよそ2000種類の匂いを嗅ぎ分けられるといわれています。この先も匂いセンサの研究は進められ、ゾウの嗅覚レベルになるかもしれません。香りの良いものを作り出すのには、さらに欠かせないものになるはずです。

▲判別できる匂いの種類

匂いセンサの研究開発

匂いセンサは魅力的ですが、現段階では完全なものではありません。現在も研究開発は進められており、今後、以下の点で優れた匂いセンサの開発を目指しています。

(1) 感度の向上

ナノテクノロジーやバイオテクノロジーの進歩により、極微量の化学物質を検出できる匂いセンサを実現します。

(2) 選択性の向上

特定の化学物質や匂い成分に特化したセンサの開発により、より正確な分析を可能とした匂いセンサを実現します。

(3) ポータブル化と低コスト化

小型で低コストのセンサの開発により、一般消費者向けの製品や産業用アプリケーションへの応用を可能とした匂いセンサを実現します。

46 遠くの人へ声を届ける

略してマイク

マイクロフォンは音のセンサであり、日常生活では、**マイク**と略されて呼ばれることが多くあります。マイクロフォンは単体の機器として存在するだけでなく、スマートフォンやヘッドフォンなどに内蔵される形で多く存在します。マイクロフォンの動作原理には何種類かありますが、ここでは多く使われているダイナミック型の原理を説明します。

マイクの原理

マイクロフォン(マイク)に向かって話すことで、マイクの内部に音波(声)が届きます。マイクの内部には**ダイアフラム**という振動板があり、音波がダイアフラムに届くと、振動すると同時に、ダイアフラムに取り付けられているコイルも振動します。マイクの内部には、永久磁石もあり、永久磁石はコイルの中を通る磁場を作っています。コイルが振動することで、**電磁誘導**の原理で電流が流れ、その電流がアンプまたは録音装置に流れます。この電流を使って録音することで、音を保存することができます。または、**電流を増幅してからスピーカーに送り、大きな音に変換する**こともできます。

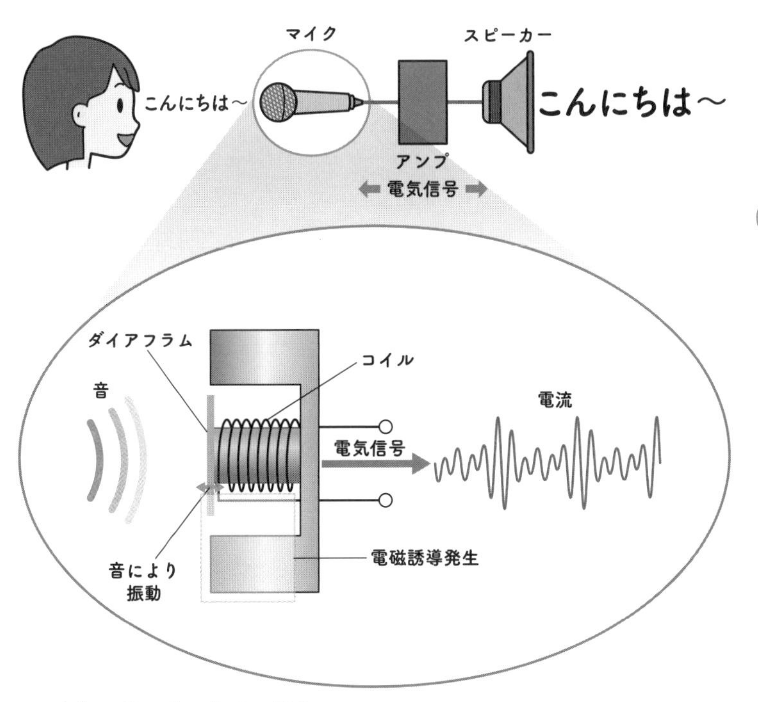

▲ 大きい音になるまでの流れ

今回説明したダイナミック型のほかに、コンデンサ型もあります。コンデンサ型は、マイクの内部にダイアフラムと固定板があり、音波(声)によりダイアフラムが振動することで、固定板との距離が変化し電圧が変わるという原理になっています。

47 「視界」を計測する

視覚センサ

我々の目は、光や色の情報を視細胞で電気信号に変換され、網膜から脳へと伝わり、画像として認識します。視力が良い動物といわれている鳥類のなかでも、鷹は「鷹の目」という表現があるように、遠くの獲物を発見できるような鋭い視力を持っています（視細胞の量はヒトの約8倍といわれています）。

生物の目にあたる視覚センサは、**カメラ**などで取得した**画像信号**を処理して、**対象物の特徴をとらえた情報を電気信号に変換、出力する**センサです。「視覚」という文字通り、目の代わりといえるセンサです。製品などに傷や汚れがないか検査を行ったり、形状や個数を計測したりできます。ほかにも機械と人間が共同で作業を行う現場では、距離の計測などで安全を管理する技術としても用いられています。そんな視覚センサの原理をみてみましょう。

視覚センサの原理

対象物から取得した光が、レンズ、カラーフィルターを通り、**フォトダイオード**に届きます。赤、緑、青の3色で構成されている**カラーフィルターを光が通ることで、光に色情報が与えられ**、色の再現が可能になります。フォトダイオードは、光の強弱を認識できるので、**「画像(対象物)」情報は電気信号に変換され、増幅器などの視覚センサ内の装置に順番に送られ、処理**されていきます。そして最後に、アナログからデジタルへの変換が行われます。デジタル化されることで、パソコンなどのデジタル機器で処理・保存ができるようになります。

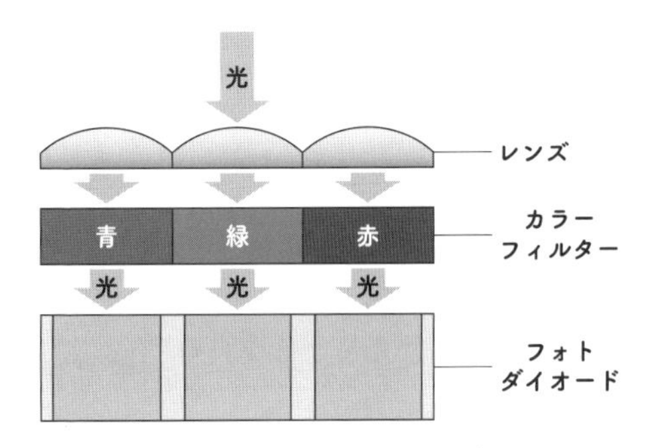

▲ フォトダイオードに届くまでの流れ

視覚センサの応用として、光電変換色素分子を用いた人工網膜が研究されています。人工網膜に組み込まれている光電変換色素分子が光を受け取ると、電荷が分離して電気信号が生成されます。この電気信号は、生体の網膜細胞や視神経細胞へと伝達されます。この信号は、視覚情報として脳に伝えられ、画像として認識されます。この技術により、機能を失った光受容細胞を介さずして、結果的に視覚情報を脳に送ることができます。

目に見えない分子を特定！

CO_2センサ

人は呼吸することで、**CO_2（二酸化炭素）**を排出しています。室内など、特に密閉されている空間では、CO_2の濃度が上がり、空気中の0.1％ほどになると、眠気を感じるといわれています。また、感染症の対策という点でも、空気中のCO_2を測定し、空調を管理する必要があります。そんなCO_2を測定できるのがCO_2センサです。

NDIR

CO_2を計測する方式に、**NDIR**（Non Dispersive InfraRed）があります。NDIRとは、非分散型（特定の波長を使用する）の**赤外線**を使う測定方式で、NDIRタイプのセンサは、**CO_2などのガス分子が赤外線を吸収する性質を利用**して濃度を計算します。そのため、NDIRタイプのセンサは、赤外線を放射する**赤外線エミッタ**とそれを検知する赤外線センサが搭載されています。赤外線エミッタから、赤外線センサにどの程度の量の赤外線が届いたか計測するというものです。

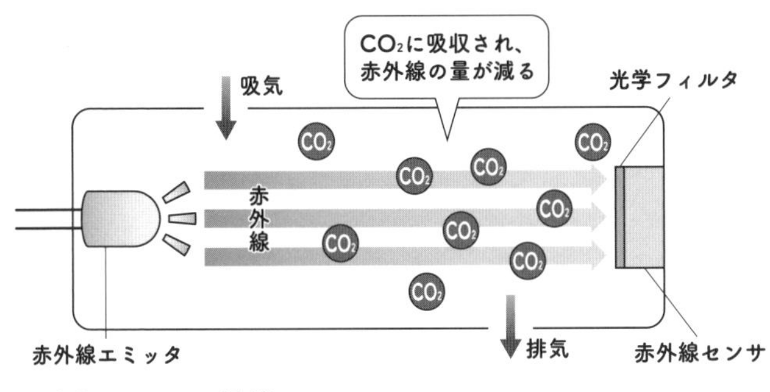

▲ CO_2センサの原理

NDIR方式のCO_2センサは、構造がシンプルでメンテナンスしやすく、感度や安定性が高いことから、現在は主流となっています。外部環境へのCO_2ガスの放出量の監視や、人の密集状況や室内の換気状況の管理などにも使われています。

見えない原子・分子を特定

私たちの生活環境にあるすべてのものは、特定の種類の光を吸収します。たとえば、多くの葉や草は緑色の光を反射し、ほかのすべて(赤、オレンジ、黄色、青、藍、紫)を吸収します。そのため、私たちは、桜の葉は緑色であることがわかります。ここでは、CO_2の測定方式としてNDIRを紹介しましたが、NDIRは、**見えない原子や分子を特定できるため、非常に役立つ測定方式**です。

49 人体に有害な放射線を測定

放射線とは

私たちの身体や食べ物、身の回りのものなど、すべてのものは、原子でできており、小さな原子が集まって形成されています。

原子の中には、**放射線**を出すものがあります。放射線は、目に見えませんが、物質を透過する性質や原子を電離(イオン化)する性質があり、アルファ線、ベータ線、ガンマ線、エックス線、中性子線などの種類があります。

放射線は自然界にも存在しており、宇宙から降り注ぐもの、大地の岩石などから出ているもの、空気中に含まれているもの、食べ物に含まれているものなど、我々の身の回りに存在しており、日常生活で放射線を受けています。

放射線を受けることを被ばくといい、放射線の量を放射線量(線量)といいます。

日本では被ばく線量の平均値として、年間約2.1 mSv(食物や自然環境)の線量を受けており、この他にも、微量ですが、航空機の利用や温泉の利用でも線量を受けています。また、これ以外にも、病院での医療行為(CT検査やエックス線検査など)では平均で年間約3.9 mSvの線量を受けています。100〜200 mSv以上の線量を比較的短時間で受けると、がんになるリスクなどが上昇するといわれており、受けてもいいとされる線量の限界が設けられています。

放射線の利用

放射線は、放射線が物質を透過する性質などを活かし、病院での検査(CT検査やX線検査など)やがんの治療などに使われていますが、そのほかにも、工業分野では材料の加工や検査、農業分野では品種改良や害虫駆除など、我々の暮らしのなかでも使われています。放射性物質(放射線を出すもの)は**原子力発電**にも使用されています。

このほかにも、放射性物質による放射線が時間の経過と共に減っていくことを利用し、古い土器の炭素成分(すすや焦げ)から土器の使用された時期を推定することができます。

放射線量を計る

放射線は目で見ることができないので、目的に合わせて**放射線計**で測定します。放射線計はガイガーカウンタとも呼ばれ、**さまざまな種類の放射線を検知する**センサです。放射線計は、放射線量測定、放射線防護、実験物理学、原子力産業などで広く使用されています。また、放射線作業に従事する作業者に対しては、放射線による障害の発生を防止するために常にその被ばく線量の測定を行うことが法律的に義務付けられていることから、個人線量計を用いて、被ばく線量を測定しています。

放射線の計測原理には、放射性物質の有無を測定するガイガー・ミュラー管式と空間の放射線量を測定するシンチレーション式などがあります。

(1) ガイガー・ミュラー管式

放射性物質の有無をさまざまな場面で測定するのには、**ガイガー・ミュラー管式**の放射線計が用いられます(主に、エックス線とベータ線の測定に使用されます)。ガスが入った円筒型の検出器に放射線が通過すると、そのガスの分子が陽イオンと電子に分離し、陽イオンはマイナス電極のほうへ、電子はプラス電極のほうへ引き寄せられ、その結果、電流として検出されます。その電流の大きさによって、通過した放射線量がわかります。

このように、電子を分離して電流として取り出すセンサは、ガイガー・ミュラー管式に特有のものです。ガイガー・ミュラー管式では、高い濃度の放射線を測定するのには不向きではあるものの、廉価で実現できるため、広く普及しています。

(2) シンチレーション式

空間の放射線量の測定には**シンチレーション式**が用いられます。シンチレーション式では、**放射線が不安定な状態になるのを利用して、放射線量を測定**します。円柱状の検出器内の**シンチレータ**を放射線が通過すると、分子が不安定な状態になります。元の状態に戻った時に光を放出するため、この放出された光を光センサで測定することで放射線量を計測しています。

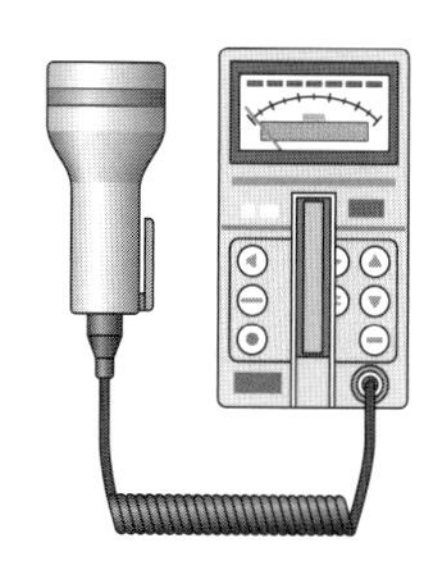

▲ガイガー・ミュラー管式

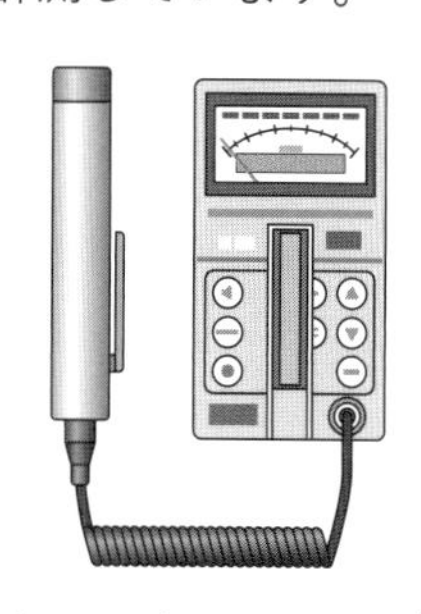

▲シンチレーション式

Chapter

8 センサの性能・特性をみてみよう

Chapter 8では、搭載するセンサをどのように選定するのかを知ってもらうため、選定するうえで重要になる9つの特性を説明します。さらに、センサとは切っても切り離せない「ノイズ」や「キャリブレーション」についても説明していきます。

再現性　分解能　環境特性

50 センサに求められること

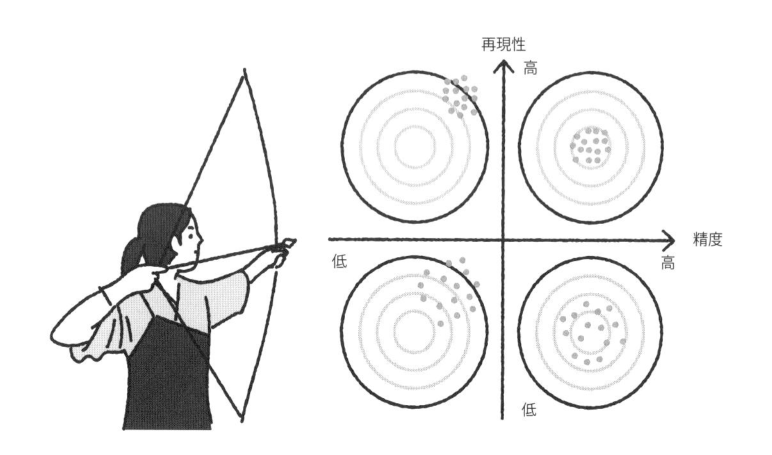

どのセンサを使うか

これまで解説してきたように、ある一つの現象や事象に対して、様々な計測方法(センサ)があるので、**センサの選択は重要**です。

たとえば、ある物体との距離を計測する場合、超音波センサ、光学式距離センサ、電波式センサなど、多様なセンサがあり、価格や性能はさまざまです。近年、進化した自動運転においては、自車と他車との距離や、自車と周りの物体(壁や人など)との距離を正確に測る技術が求められています。駐車のアシスト機能では、車のリアバンパー(最後部)に搭載されている超音波センサ(一般的に数cmから1〜2mの距離測定に使用)によって距離を測っています。一方、自動ブレーキなどの自動運転技術では、前方車両との距離を正確に測る必要があることから、数十メートル測れる距離センサとして、ミリ波レーダやLiDAR(レーザ画像検出)が用いられています。

これまで挙げた例では、測定対象との距離や範囲によって、最適なセンサを選択していますが、センサの選択には次の特性が大事になっています。

センサの特性

センサには、以下の9つの特性があります。

(1) 測定範囲

測定範囲はレンジともいい、計測可能な下限値と上限値の範囲を表します。

(2) 精度(誤差)

精度は、**センサの正確さ**を表しており、「誤差がこの値を超えない」という限界値で示されています。たとえば、精度が1mの距離センサは、「誤差が最も大きい場合でも1mである」ことを示しています。また、精度や誤差の表現は、大きく分けて、ゲイン誤差とオフセット誤差の2つがあります。ゲイン誤差は相対誤差とも呼ばれ、計測値の大小に依存しており、パーセンテージとして表されます(例:±0.1%)。オフセット誤差は絶対誤差とも呼ばれ、計測値の大小に依存せず、計測値と同じ単位として表されます(例:±1.0m)。

(3) 再現性

再現性は、**同じ条件で繰り返し測定した時のばらつき**を表します。理論上では、同じ対象・現象からの入力(信号)に対しては、同じ計測値を出力し続けることが理想ですが、実際は入力に対する反応は不安定であり、時間とともにセンサの出力値がばらつくことがあります。同じ条件で繰り返し計測した値が互いに近い場合、「再現性は高い」ということになります。また、その値が近くても離れていても、測定値の平均を取り、その数値と真の値の差が精度となります。

（4）分解能

分解能とは、**測定値を読み取ることができる最小変化量**のことです。例えば、秒針が1秒単位で動く時計の場合は、1秒より短い変化は表現できないので、分解能は1秒となります。

（5）感度

感度とは、**出力値と入力値の比**のことです。例えば、1℃の温度変化を100 mAの電流に変換するセンサ感度は、100 mA/℃となります。

（6）環境特性

環境特性とは、**センサが設置される場所の環境によってセンサが受ける影響**のことです。環境の変化は測定値に影響を与えるので、よく状況を確認することが必要です。たとえば、極寒・極暑の環境ではセンサが正常に動作しないおそれがあるため、多くの電子機器に利用可能な温度環境が明記されています。温度のほかに、湿度や圧力など、様々な環境による特性があります。

（7）動特性

センサの入力量（対象・現象の状態）は時間と共に変化するので、センサの反応もそれに合わせて変化し、測定値（センサの出力）が変わります。センサの動特性とは、**センサの入力の時間的変化に対して、センサの出力が追随する度合**のことです。例えば、温度を測定する場合、熱電対は比較的応答が早いですが、サーミスタは応答が遅い傾向があります。しかし、応答が早いということはそれだけ**ノイズにも素早く反応してしまう**ということになります。このように、ノイズに弱いセンサもあるので、測定対象に応じて適切な動特性を考える必要があります。

（8）周波数特性

周波数特性とは、**入力値をそれぞれの周波数（1秒ごと何回か）で変化させたときの出力の変動特性**で、動特性の一種でもあります。周波数特性は、入力量の時間変化（周波数）に対する出力量と入力量の比（ゲイン）で表します。同じ入力値を一定以上の高い周波数で変化させると、入力に対する出力の関係が変わります。さらに、特定の周波数(共振点)になると、通常より数十倍の出力反応を得られることがあるため、周波数特性を把握することは大切です。

例えば、マイクロフォン(マイク)を例にとってみましょう。マイクの節で紹介したよう(46 参照)に、マイクには、ダイナミック型とコンデンサ型がありますが、ダイナミック型は低い周波数の音を拾うのにすぐれているのに対して、高い周波数の音を拾いづらくなっています。一方のコンデンサ型の場合は、どの周波数でも安定して音を拾うことができます。このように周波数はセンサの入力において重要になります。

(9) 過渡特性

時間が十分に経過する前である過渡期の状態を過渡状態といい、**過渡状態である時の特性**を過渡特性といいます。入力値が変動しているときに、センサの出力がどの程度正確に追随できているのかを示すもので、過渡特性は、動特性の一種でもあります。具体的には、平衡状態からの変化(入力)に対するシステムの応答(出力)が安定するまでどれぐらい時間を要して、安定値までどの範囲で揺らいでいるかを表します。そのため、過渡特性は速応性や安定性を検討するうえで、重要な特性です。

センサの選択

温度センサを選択する場合の例を挙げてみます。サーミスタと熱電対を比較すると、サーミスタのほうが精度は高いですが、測定範囲が狭く、広範囲で温度を取得したい場合は熱電対のほうが適しています。また、距離を測定する場合を考えてみます。超音波センサとLiDARを比較すると、LiDARのほうが高精度・高分解能で距離を求めることができ、精度を求める場合はLiDARが適しています。半面、LiDAR は高価格になります。ここでは2種類のセンサを説明しましたが、**各種センサは、各々の方式の異なるものがあり、上記9つの特性を考慮して選ぶ必要があります**。

ノイズを除去して正確なデータに！

ノイズとは

ノイズとは、テレビやラジオ、電話などの電気的な雑音など、不要な音や情報のことをいいます。センサは、入力データの取得からデータの出力までに、さまざまなノイズの影響を受けます。**センサではいかにノイズを除去するかが、正確な出力につながります**。

ノイズの種類

ノイズには、**自然ノイズ**と**人工ノイズ**の2種類があります。自然ノイズは、落雷や空中放電、宇宙線などの自然界に存在するノイズです。人工ノイズは、人工物が発生するノイズで、携帯電話から放射する電波や、テレビやパソコンなどの機器から漏えいした電磁エネルギーなどが人工ノイズとなります。電子レンジを使用している時にWi-Fiの電波に影響が出るのは、電子レンジが発するノイズが影響しています。

また、ノイズの発生場所の観点から、回路の基板や素子、電源などの機器内部で起こる**内部雑音**と、外部からの要因を受ける**外部雑音**に分けることができます。

センサで起こるノイズとその対策

センサで測定する際には、**どんなセンサであれ、本来取り出したい信号のほかにノイズが加わってしまいます**。すべてのセンサは、ある程度のランダムノイズ（時間的に不規則に発生するノイズ）の影響を受けるため、本当に読み取りたい値に狂いが生じます。そこで、信号処理技術によって、そのノイズの影響を極力減らして、元の信号に可能な限り近い値を取り出す必要があります。信号処理技術の簡単な例として、**平滑化**があります。時間軸上で隣り合う値の平均を取ることで、異常に突出した値を取り除いたり、影響を小さくしたりできます。より正確に信号処理を行いたい場合は、後述する周波数帯を考慮します。

ノイズの要因は、大きく分けると内部（キャリブレーションの要因と同様）と外部（利用温度、利用中の衝撃など）があります。元々取り出したい信号がどの周波数帯にあるのかがわかっている場合には、その**周波数帯からはずれたものはノイズであるとみなして、そのノイズを全部除去することができます**。一方、ノイズが信号の周波数帯にも重なってしまう場合には、信号処理が不可欠です。

脈波センサを例に説明します。脈波センサでは、体動がノイズとなり、そのままでは正しい値を測定することができません。そこで、加速度センサを用いて、体動の周波数を計測することで、この体動に起因するノイズを除去し、本来取り出したい信号である脈波を抽出しています。

52 センサのキャリブレーション

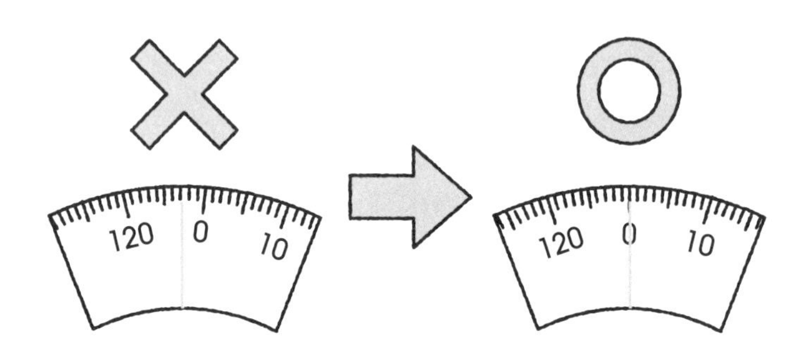

キャリブレーションとは

センサにおける**キャリブレーション**(calibration)とは、センサの値に対して**校正や調整を行うこと**です。キャリブレーションは、精度の保持と故障の未然防止において、非常に大切です。

センサに影響を与える要因

(1) 製造上のばらつき

メーカーや製造工程がまったく同じセンサでも、わずかに異なる測定値を出力する可能性があります。

（2）設計の違い

2つの異なるセンサが同様の条件でも異なる反応を示す可能性があります。これは、複数の関連パラメータの実際の計測値に基づいて測定値を算出する**間接センサ**に特に当てはまります。

（3）環境の違い

保管中、出荷中、組立中などの間に、熱、冷気、衝撃、湿度などよって、センサの応答が変化する場合があります。

（4）経年劣化

時間の経過とともにセンサの応答が変化する場合があります。

（**1**）～（**4**）のような要因は、センサの応答の再現性に大きく影響するため、定期的なキャリブレーションが必要になります。

温度センサのキャリブレーション

温度センサを基準となる温度（たとえば氷水の混合物で0°C、沸騰する水で100°Cなど）に置き、センサの読み取り値と既知の温度を比較します。**センサの読み取り値が既知の温度と異なる場合、キャリブレーションが必要**になります。キャリブレーション方法の一例として、一定温度に維持された水槽に基準となる温度計と校正対象の温度計を両方入れて、校正対象の温度計の値を基準となる温度計の値に設定します。

湿度センサのキャリブレーション

湿度センサを既知の相対湿度の環境（たとえば塩水溶液を使用して特定の湿度を生成する方法）に置き、センサの読み取り値を確認します。**センサの表示と既知の湿度が一致しない場合、キャリブレーションが必要**になります。キャリブレーション方法の一例として、温度センサと同様に基準となるセンサを用いますが、水槽の代わりに高精度の湿度発生器を用いて行われます。

コラム｜6 ノイズキャンセル機能

ノイズは日常生活を送るなかで必ず存在するものですが、音楽を聴きたい時、静かな空間にいたい時などに発生している音響信号のノイズは、文字どおり「ノイズ＝雑音」となります。この雑音を除去できるノイズキャンセル機能が、ヘッドフォンやスピーカーなどに使われるようになってきました。

ヘッドフォンから流れる音声を聴く時には、外部からの音(ノイズ)も含まれています。ANC(アクティブノイズキャンセレーション)ヘッドフォンには、外部の音を検出するマイクロフォンが内蔵されています。**マイクロフォンが外部の雑音(ノイズ)を検出すると、ノイズを打ち消す音(位相を反転させた音)を生成し**、ノイズを消去もしくは低減する仕組みになっています。ヘッドフォンから音声が流れていなくても、雑音のみを消すことができるので、仕事や勉強に集中することができます。

このANC機能は、ヘッドフォン以外でも使われています。たとえば、飛行機の客室ではエンジン音や風の音などのノイズを減らすために、アクティブノイズキャンセレーション技術が使用されています。これにより、乗客は快適に過ごすことができます。また、一部の高級車では、アクティブノイズキャンセレーション技術を使って、エンジン、タイヤ、風の音などの外部ノイズを減らすシステムが組み込まれています。これにより、静かな運転環境が提供されます。

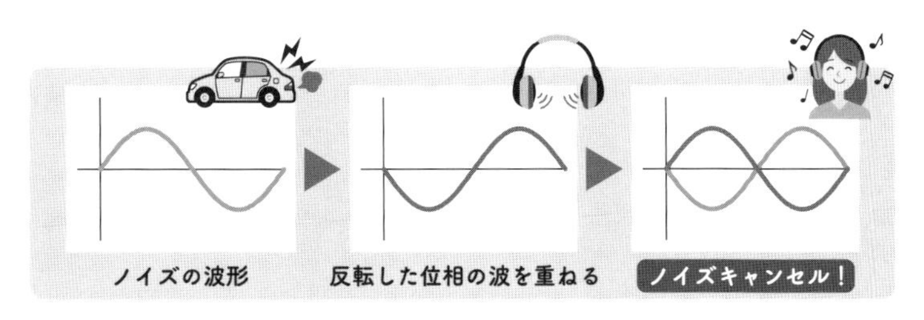

▲ ノイズキャンセルの仕組み

Chapter

9 センサ活用システム

いよいよ最後のChapterです。一歩踏み込んで、センサを活用した技術や、センサが活用されることで豊かになる暮らしなどを説明していきます。また、機器の装置として使われるセンサですが、どのように機器と紐づいているのか、そのあたりにも触れていきます。

53 IoTでもセンサが重要な役割を果たす

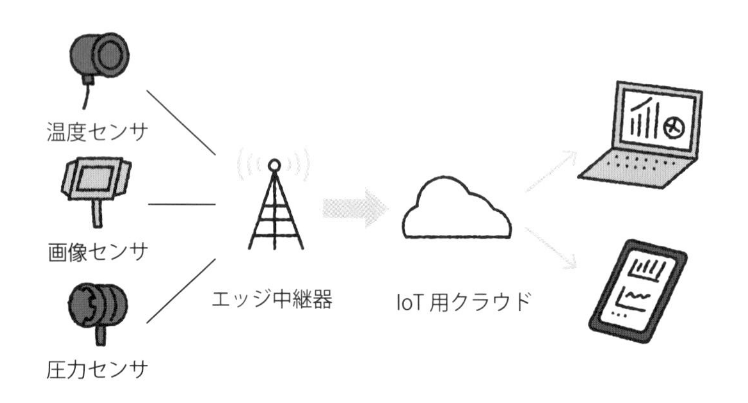

IoTとは

インターネットは、我々の生活を一変させました。ビジネス、オンライン授業、オンライン決済など、重要な社会インフラとなりました。そのインターネットという名前を含むIoTはどのようなものでしょうか。

IoTは、Internet of Things（**モノのインターネット**）の略で、モノがインターネットに接続されることで、ネットワークを通じてサーバや**クラウドサービス**に接続され、相互に情報交換をする仕組みとなります。

その際、重要な役割を果たすのがセンサです。というのも、実世界情報を扱うのがセンサであり、本書に掲載される**多くの種類**

のセンサがIoTの入口として欠かせません。

冒頭のイラストにあるように、IoTでは、各センサが実世界情報を取得し、エッジ中継器にデータを送信します。エッジ中継器のデータはクラウド上に保存され、データ分析や遠隔制御などに使用されます。

IoTシステムの活用例

IoTはさまざまな機能を実現してくれます。リアルタイムで情報を取得することができるので、機器の異常検知、河川の水位のモニタリング、オフィスや店舗の着席状況を確認するといったことも可能です。また、スマートフォンやパソコンなどでインターネットを介して操作が可能な家電製品(**スマート家電**)は、外出先で自宅の家電を遠隔操作することが可能になります。帰宅時間に合わせてご飯を炊く、冷蔵庫の中身を確認する、玄関の施錠をするなど、我々の生活が便利になります。さらに**センサを使って自宅の中での人の動きを詳細に把握**することで、一日のうち、いつどこで電力を必要とするかを把握でき、省電力を極限まで進めることも可能になってきます。実世界から多くのデータを取り、機械学習と合わせることで、住居や都市空間において、暮らしがより便利になることが期待されます。

IoTの負の側面

IoTにより、さまざまな作業の効率が上がったり、コストの削減が実現したりと、多くのメリットがあります。しかしながら、負の側面もあります。IoTにより、機器に対するサイバー攻撃の脅威が増してきていることには注意しなければなりません。身近な例では、監視カメラのデータが盗まれたり、改ざんされたりするということが起きています。今後は、ドローンに対する攻撃も想定されており、「インターネットにつながる」ことのリスクや影響も考えなくてはいけません。

54 IoTのつなぎ役

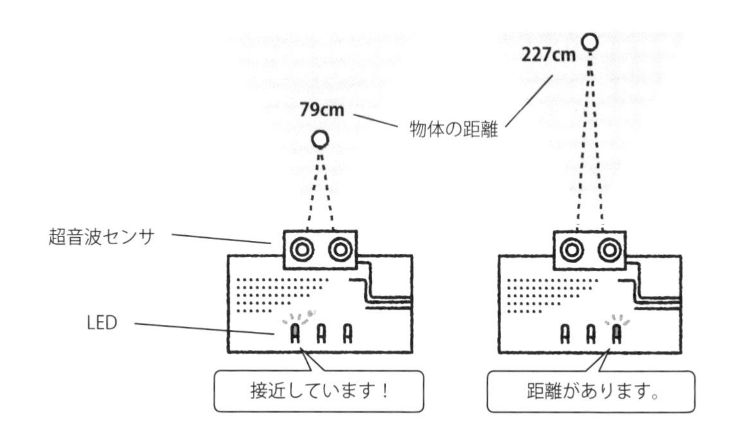

電子工作キット

モノのインターネット、いわゆるIoTは、従来、インターネットに接続されていなかったさまざまなモノ(センサ、アクチュエータ、家電、建物、車など)にもインターネットを接続し、相互に情報交換をする仕組みです。モノをインターネットに接続するためにはハードウェア(装置)とソフトウェア(プログラム)を電子工作で作る必要があります。センサも電子工作により、接続されます。電子工作とは、電子部品を組み合わせて、電子回路とその制御プログラムを作ることです。そこで、低価格で簡単にハードウェア制御を学べる電子工作キットとして、**Arduino**(アルデュイーノ)と**Raspberry Pi**(ラズベリーパイ)がよく用いられています。ここでは、その2つの特徴と違いを紹介します。

Arduino

Arduinoは、シンプルかつ低価格のプラットフォーム(ハードウェアとソフトウェアのまとまり)です。

Arduinoは低消費電力であり、単三電池2つ(3V)で駆動できます。なお、パソコンとは違い、モニタやキーボードが接続されていなくても、プログラムをパソコンで作成したうえで専用のUSBケーブルにて転送することで、Arduinoの中のメモリーに書き込まれます。USBメモリーのように、電源を切っても中身が維持され、そして、電源を入れるだけで、そのプログラムが繰り返し実行されることが特徴です。

Arduinoは、基本的に**多くの入出力端子を備えているため、センサを接続したり(入力)、発光ダイオードやモータを接続したり(出力)することに向いています**。たとえば、人の存在を検知して照明をつけるシステムや、部屋の湿度が高いと自動的にファンを回すシステムなどの試作が簡単にできます。一方、低消費電力のため、常に計算処理を求めるプログラムや、グラフィックスを表示するプログラムには向きません。また、数キロバイトのメモリーしかないため、**センサデータの蓄積には不向き**です。なお、マイクロSDカードを接続したり、Wi-FiやBluetoothなどの通信機能によって、他のデバイスと通信したりすることで、多くの場合に欠点は補えます。

Raspberry Pi

Raspberry Piの見た目とサイズがArduinoにとても似ていることから、同じようなものと勘違いされがちです。しかし、よく見れば、構成電子部品および、内部のソフトウェアは違います。まず、部品からいうと、Raspberry Piにはモニタを接続するためのHDMI端子、キーボードやマウスを接続するためのUSB端子や、ネットワークに接続するための機器を備えています。内部について見てみると、Raspberry PiにはOSがあり、コンピュータと同じ構成です(ArduinoにはOSがありません)。キーボードとモニタをつなげて、コンピュータで用いられているすべてのプログラミング言語が利用でき、複数のプログラムを同時に処理することができます。そのため、自立型であり、ネットワークとの連携を求めるIoT用のプログラムを動作させるのに適しています(たとえば、ある場所の温度データを計測・通信・蓄積するシステム)。このように、Arduinoが不向きな、ネットワーク通信(有線／無線LAN)やディスプレイ・プロジェクタなどへの映像出力、カメラの使用(画像処理など)でも、Raspberry Piが適しているといえます。一方、常に計算処理を求めるプログラムや、厳格なリアルタイム処理を求めるプログラム(モータの制御など)には不向きです。Raspberry PiはLEDやスイッチの入出力など、さまざまなことができますが、センサやアクチュエータの入出力を頻繁に求めるプログラムは、Arduinoのほうが適しています。

▼ ArduinoとRaspberry Piの主な共通点と違い

特徴	Arduino	Raspberry Pi
サイズ	USBメモリ～クレジットカード	
価格	数千円～	
計算機類	マイコン	パソコン
OS	なし	Linux系
プログラムの作成	パソコンから転送	直接作成
プログラム数	1つのみ	いくらでも
プログラミング言語	C言語	制限なし
CPU速度	8～16MHz	700MHz
消費電力	低い	高い
メモリー	1KB	256 ～512 MB
入出力	アナログとデジタル	デジタル
電源	3V～	5V～
周辺機器	基本的になし	外付けキーボード、モニタ、マウス

前述したように、Arduinoは基板に最小限の電子部品を取り付けたシンプルなマイコンボードのため、それをベースになんでも試作できます。ただし、ちょっとしたセンサデータの蓄積や可視化を実現するためには、必ずセンサに通信部品、液晶ディスプレイ、バッテリーなどを接続しなければなりません。かわってRaspberry Piは、通信機能を備えていますが、Arduinoと同様に、センサやディスプレイを接続して追加することが必要です。また、3Dプリンタなどですべてが収まるケースを作らなければ、むき出しの状態になってしまいます。

M5Stack

IoTにおいて一番よく用いられているセンサといえば、**加速度センサ**です。また、ほとんどの電子機器は、無線通信機能として、BluetoothとWi-Fiを備えています。そこで、ボタンや加速度センサ、液晶ディスプレイ、ケース、バッテリーを最初から搭載している5センチ角のマイコンモジュール、「**M5Stack**(エムファイブスタック)」が注目を浴びています。M5StackはIoTの基本機能を標準で備えているだけではなく、他の機能(違うセンサなど)が簡単に追加できるように、多様な拡張モジュール(GPSや通信など)が用意されており、レゴのようにスタック(積み重ね)ができます。さまざまなセンサでよく用いられているコネクタも搭載されているため、**電気回路の知識がなくても、温湿度や超音波などのセンサモジュールやモータなどをケーブルでつなぐだけで利用する**ことができます。また、Arduinoと同じ開発環境だけではなく、MicroPythonといった開発言語にも対応しています。そして、48×24×14mmのM5Stick、24×24×14mmのATOMや、34×20×4.514mmのM5Stampなどのさらに小型なバージョンが展開されており、近年人気の試作開発プラットフォームとなっています。

55 ネットワークで複数のセンサを活用する

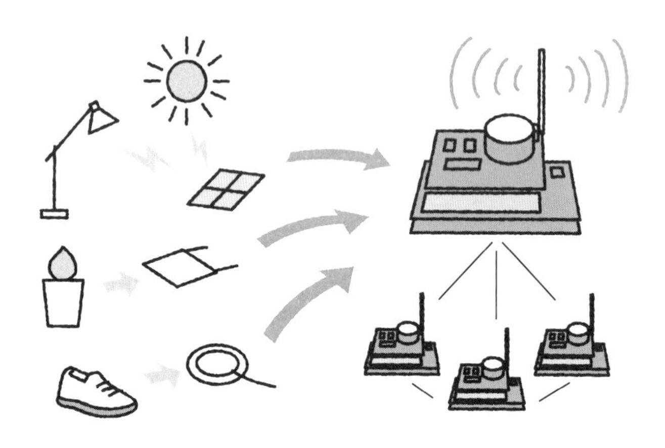

センサネットワークとは

センサネットワークとは、**無線ネットワーク**などで複数のセンサを接続することにより、**多地点のセンシング情報を収集し、利活用するためのシステム**です。以前から、工場の生産ラインではネットワーク化されたセンサ群は利用されてきていました。工場の生産ラインではモータなどのアクチュエータ(エネルギーを動作に変換する装置)を制御するための入力信号としてセンサが用いられていたのに対し、センサネットワークでは、情報を収集・分析することにセンサが用いられているのが特徴です。

センサネットワークの初期の研究として、カリフォルニア大学バークレー校で1990年代後半に研究プロジェクトとして実施された**スマートダスト**があげられます。

スマートダストは、プロセッサ、メモリ、電源、無線通信機器などが搭載されている小型(米粒程度)の**センサを大量に配置し、収集した情報をコンピュータに送信する技術やシステム**の総称です。空中からセンサを散布して、軍事や環境測定を行う目的で研究開発が行われました。スマートダストのプロジェクトは終了しましたが、スマートダストに代わる通信機能を備えたセンサ基板開発が進められています。

センサネットワークの活用例

センサネットワークは屋外や屋内などさまざまな場所に構築することができます。

建築物では照度、温度や湿度、電力、人感などのデータをセンサで収集・分析することで、**屋内環境の最適化**などを行うことができます。

他にも橋梁(きょうりょう)や道路にセンサ端末を設置してリアルタイムにモニタリングすることもできます。農業の分野でも、ビニールハウスの温度や湿度、日照などの環境を測定し、**植物の生育状況の監視や収穫時期の予測**などにも活用されています。

▲ 橋梁のモニタリング

56 センサの機械学習との組み合わせ

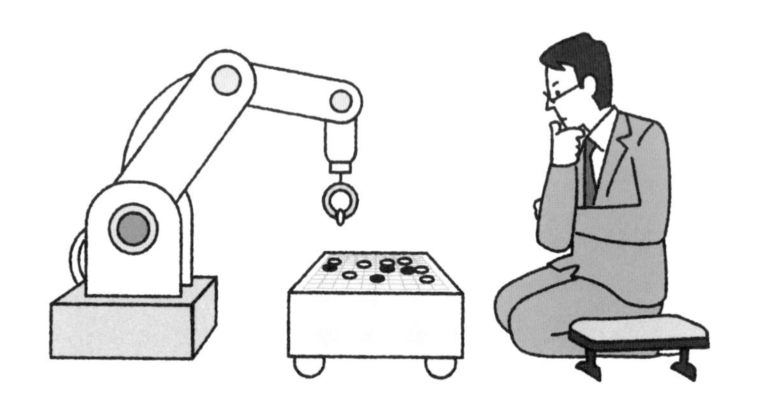

機械学習とは

機械学習は、将棋や囲碁などのゲームをはじめ、さまざまな分野で使われている**人工知能**(AI)の一種です。ソフトウェアアルゴリズムにより、機械学習は、過去のデータを入力して、新たな出力値を予測することができます。

機械学習には、大きく分けると、入力データと出力データが揃っていて入出力の関係性を推定する「教師あり学習」、入力データからパターンや構造を見つけ出す「教師なし学習」、最初からデータはなく、自身で試行錯誤しながら予測精度を高めていく「強化学習」の3つの方法があります。この中でもよく使われる教師あり学習では、すでに得られたデータに「ラベル」を与えて分類し、[データ・ラベル]の組を多く取得します。そのデータを分析することで、新たなデータを予測します。

機械学習とセンサ

この**機械学習をセンサの出力と組み合わせることが一般的になってきています**。例として、Chapter 6で扱った㊲脳波計(EEG)、㊳筋電計(EMG)、㊵心電計(ECG)などで生体信号を計測する場合を取り上げてみましょう。

生体信号は、時々刻々と変化する**時系列信号**です。センサで得られる生体信号には、生体の活動とは無関係な成分(ノイズ)が含まれることがあります。脳波の場合には、電源からの交流周波数やまばたきがノイズとなります。そこで、特定の周波数を抽出できるバンドパスフィルタなどを使ってノイズを除去します。このように、センサで**得られた生体信号(センサ出力)をそのまま取得するのではなく、機械学習により補正した生体信号を取得すること**で、より正確な出力を得ることができます。

センサデータに適用する機械学習

上述したように、AIの時代に入り、センサデータに機械学習を適用することは、ごく当然のこととなりました。機械学習を用いたセンサの活用は、生体信号の計測以外でも多くの場面で行われています。

たとえば、工場では、振動センサ、温度センサ、圧力センサなどから**得たデータを活用して、異常なパターンを検出し、機器の故障を未然に防ぐ**ことができます。

ほかにも、自動運転が可能な車には、周囲の環境を認識するために多数のセンサが搭載されています。機械学習は、これらのセンサからの膨大なデータをリアルタイムで処理することで、車両の周囲の状況を把握します。このようにして、自動運転技術はセンサと機械学習によって実現しています。

57 センサを含めた先端技術でスマートに農業を

農業からスマート農業へ

人類は、農業を始めたことをきっかけに定住生活ができるようになり、農業の発展は、人口の増加を支えることになりました。我々の生活にはなくてはならない農業は、現在担い手の減少や高齢化などの労働力不足が課題となっています。そこで、人手不足や負荷軽減のため、ロボット、AI、IoTなど先端技術を活用する農業（**スマート農業**）が進んでいます。

作物モニタリング

農場に沿ってセンサを配置することで、農場内の光・温度・湿度の変化や栽培している作物の形・サイズの変化を監視することができます(**リモートセンシング**)。センサによって異常が検出された場合は、その異常が分析され、農家に通知されます。センサの配置により可能となったリモートセンシングは、病気の蔓延を防いだり、作物の成長を監視したりするのに役立ちます。

気象条件の分析

温度・湿度・水分・降水量および露(つゆ)に関するデータをセンサによって検出します。その収集されたデータを使い、**農場の気象パターンを予測して、栽培する作物を決定する**のに役立ちます。これにより、気象条件にあった、適切な作物の栽培ができます。

土壌の健康分析

農業において、土壌は作物の生育に重要な要素です。そこで、**土壌にセンサを設置する**こと(㊹参照)で、農場の栄養価と乾燥面積、土壌排水能力、酸性度などを知ることができ、**土壌に適した作物を栽培することができます**。

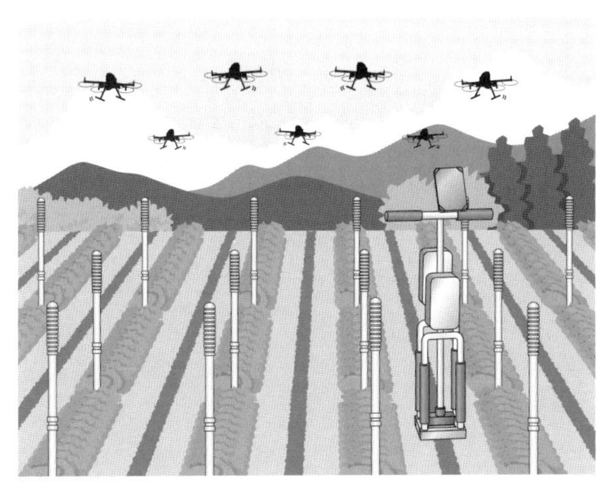

▲ドローンを用いたスマート農業の例

58 ICTとセンサでスマートシティを実現する

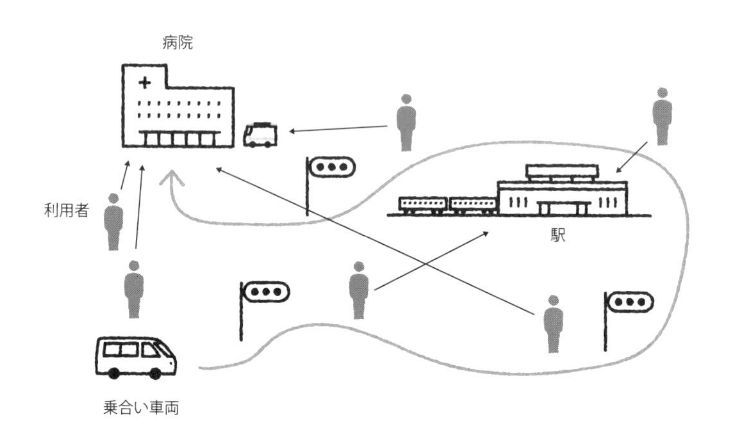

スマートシティ＝賢い街

英語で「賢い」を意味するsmart（スマート）という考え方は、我々の居住空間で、コミュニティを形成する場でもある「都市」にも適用できます。これが**スマートシティ**です。具体的には、**情報通信技術**（ICT）を利用して、人々の情報を共有したり、さまざまなセンサを用いて実世界の情報を取得したり、自治体のサービスの質を向上させたりすることを目指します。さまざまな定義ができますが、どれもデータの取得→共有→分析というサイクルにより、**都市機能の最適化、人々の生活の利便性の向上を目的としている**点は共通しているといえます。

オープンデータの活用

スマートシティを実現するためには、「**オープンデータ**」の活用も欠かせません。オープンデータとは、自治体や事業者が取得するデータを、プライバシーに配慮したうえで一般に公開し、データの利活用を進めることです。

オープンデータの1つである、公共交通機関の時刻表とその地理的情報に使用される共通形式を定義したGTFS（General Transit Feed Specification）は北米・ヨーロッパを中心に、海外で幅広くデータが整備されています。日本でも、標準的なバス情報フォーマットとして、動的情報（位置情報）や静的情報（停留所、ダイヤ、運賃）などのGTFSのデータが整備されつつあります。このデータを使うことで、地図アプリと連携した乗換案内、渋滞情報と合わせたより正確な到着時刻予測など、さまざまなことが可能となります。GTFSそのものにはセンサ情報は含まれませんが、GPSで取得したバスの位置情報が含まれています。

スマートシティの例

交通の分野では、バスを複数人で乗りあうことができる効率性と、タクシーの人々の移動要求に応じることができる柔軟性を併せ持ったオンデマンド型の公共交通の実現がスマートシティにつながります。また、公共自転車のシェアリングサービスも広がっており、利用状況のデータが蓄積されることにより、自転車の配備に役立てられています。

自動車自体をセンサとしてとらえる先駆的な取り組みとして、「**プローブカー**」があります。プローブカーでは、速度計のほか、**さまざまなセンサを搭載する自動車が発する情報を用いて、街全体の交通の流れをスムーズにしようという考え方**です。

スマートシティの今後の展開としては、自動車の自動運転の大幅な普及を見越しており、信号システムも含めた道路網全体の最適化を目指しています。

交通以外でも、医療、介護、教育、防犯など**多くの分野へのICT の活用が考えられ、スマートシティへの期待は高まっています**。さらに身の回りには、センサを有効に活用した技術が増えていくと考えられます。

本書では、さまざまセンサの解説をしてきました。日常生活でも我々自身が多くのセンサを活用していますが、我々人間もセンサであるといえます。なぜなら、人は五感で実世界情報をセンシング(取得する)だけでなく、自分で解釈して高次元情報に変換し、他のあらゆるものに伝えることもできるからです。そこで、多くの人から得た情報を集約することでグローバルな情報にするという、**参加型センシング**という考え方があり、気象情報の共有は、すでにビジネスにまでなっています。この参加型センシングは、都市生活の中で情報共有することが助け合いとなり、スマートシティの一翼を担える可能性があります。

スマートシティは、世界各地で具体的に始まっています。一例として、シンガポールでは "Smart Nation Singapore" と題して、交通、環境、ヘルスケアなど人の生活に関わるあらゆることにセンサを利活用しています。そして、あらゆることがスマートフォンで完結できることを目指しています。また、日本国内では、千葉県柏市では、「柏の葉スマートシティ」プロジェクトとして、環境への影響の低減、自然災害に対する復旧力の向上、地域経済の強化、住民の健康と幸福の向上といったことを目標として、**センサから得られる実世界情報をベースに都市開発を進めています**。ほかにも富山県富山市では、こどもの見守りなどを行っています。これもスマートシティとなる1つの要素といえます。

今後は、AI の進展とともに我々の生活が便利になっていくことは間違いないのですが、**いつの時代にも、実世界から情報を取得するセンサは欠かすことはできません**。

INDEX

数字・アルファベット

あ行

か行

さ行

た行

〈著者略歴〉
戸 辺 義 人（とべ よしと）
青山学院大学教授。これまで電機メーカーおよび大学にて、センサを応用した電子機器システムとそのソフトウェアの研究開発に従事。主なプロジェクトとして、群馬県館林市気象センサネットワークがある。計測自動制御学会、電気学会、情報処理学会、電子情報通信学会、人間情報学会、米国電気電子学会（IEEE）所属。

ロペズ ギヨーム
青山学院大学教授。これまで自動車メーカーおよび大学にて、ウェルビーイング向上のためウェアラブルセンシング、生体情報処理、行動変容システムの3つの専門分野の統合技術の研究開発に従事。主なプロジェクトとして、病院・企業との共同研究における連続血圧センシング、食習慣センシング、快適性センシングがある。人間情報学会理事幹事、IoT 行動変容学研究グループ主査、情報処理学会シニア会員、計測自動制御学会、米国電気電子学会（IEEE）、米国計算機学会（ACM）所属など。

イラスト：サタケ シュンスケ
本文デザイン：上坊 菜々子

「センサ、マジわからん」と思ったときに読む本

2024年 3 月 25 日　第1版第1刷発行
2024年 7 月 30 日　第1版第2刷発行

著　者　戸 辺 義 人・ロペズ ギヨーム
発 行 者　村 上 和 夫
発 行 所　株式会社 オーム社
郵便番号 101-8460
東京都千代田区神田錦町 3-1
電話 03(3233)0641(代表)
URL https://www.ohmsha.co.jp/

組版 クリィーク　印刷・製本 壮光舎印刷
ISBN978-4-274-23099-8 Printed in Japan